微かに分かる微分積分

建三

数学書房

プロローグ

　夏川夏子と神田もえは東京の恵理偉都(えりいと)大学1年生．2人とも根っからの文系で数学は超苦手なのだが，所属する経済学部と商学部は1年の数学が必修．夏休み明けの「微分積分」のテストに進級がかかっている．このままでは落第確実の赤信号．そこで夏休みを利用して京都のMホテルに滞在，知る人ぞ知るという通称微積寺(びせきでら)に通って微分積分の「修行」をすることになった．

　微積寺の本堂．テーブルをはさんで夏子ともえの2人が和尚と向かいあってすわっている．

夏子　あたしたち，微分積分がまったくわからないんです．
もえ　どうしようもなくて駆け込んできました．なんとかして下さい！　お願いします．
夏子　お願いします．
和尚　ウーンそうか．ところで君たち，「微分積分」をなんと読むか知ってるか？
夏子　ビブンセキブンじゃないんですか？
和尚　ずいぶん昔のある日，ある人が「微分積分」の読み方を発見した．大発見と言っても良いだろう．
もえ　なんと読むんですか？
和尚　微(かす)かに分かる，分かった積(つも)りになる，と読むのだ．
もえ　おもしろーい！
和尚　微分積分などと大げさに考えることはない．微かに分かって，それで分かった積りになればいいのだ．

夏子　なるほど．少し気が楽になりました．でもとにかく微分が全然分かりません．

和尚　人に頼っちゃダメだ．昔から言うだろ，ビブンのことはビブンでやれって．

夏子　そんなー，なんとかして下さい！

もえ　高校数学の数Ⅲはもちろん，数Ⅱもわからないんです．

和尚　数Ⅱがわからん？　かわいすーに！

夏子　このままでは落第です．

和尚　落第する方が，楽だい．

もえ　そのギャグはどっかで聞いたような気がするなあ．

和尚　最初から論理に頼っちゃいかん．論理ばかりだとさびしくなる．「ロンリー」と言うくらいで．

夏子　は？

和尚　まず「体で覚える」のが先だ．そうしないと身につかん．

もえ　体で覚える，ですか？

和尚　いい練習問題を選んで解いてみる．最初は間違いだらけでも，意味がよくわからなくてもいい．慣れてくると，だんだん正解が出せるようになる．問題がうまく解けたときの快感を経験すればしめたものだ．問題が解けると自信がつくぞ．「どんなもんだい」と言うくらいで．

もえ　おっとお！

和尚　自信がつけば自然に勉強しようという意欲がでてくる．大嫌いだった微分積分が，なんとなく好きになってくる．昔「7時から11時までやってる」というコンビニのCMソングがあったが，そのメロディーに合わせて

　　　　　♪ビブンセキブン，いい気分♪

　　と歌い出すようになるのさ．

もえ　ホントっすか？　期待しちゃうな．

和尚　大学の微積分の授業は，ちゃんと出てるか？

夏子 毎回出てます．でも黒板の字が小さすぎて見えないんです．一番前にすわるとチョークのこながとんでくるのでマスクしてます．もうサイテー！

和尚 チョークのこなねえ．チョークを発明した人が誰だか知ってるか？ 有名な日本の詩人だぞ．

夏子 は？

和尚 「石川はくぼく」と言ってな．

夏子 はあ…

和尚 反応がちょっと鈍いな．まっいいか．

夏子 これが授業で使ってる微積分のテキストです．抽象的でチンプンカンプン．宇宙人の言葉みたいでさっぱりわかりません．

和尚 どれどれ．なるほどこりゃダメだ．1年生のテキストにしては「証明」が多すぎる．こんなに証明ばっかりだとイライラするだろ．「証明なんて，ちきしょーめー！」と叫びたくなるだろ？

夏子 そうですそうです．その通りです．

和尚 線形代数の授業は？

もえ 線形代数も最初はチンプンカンプンでした．抽象的な説明ばっかりで胃が痛くなりました．そしたら友達に「線形で胃が痛くなるのは線形性胃炎だ」なんて言われちゃいました．

和尚 なるほど．

もえ 困りはててたら，偶然書店で『線形代数千一夜物語』(小松建三著，数学書房) という本を見つけたんです．そしたらこれがスバラシイ本で，すべてが目からウロコ．本当に助かりました．

和尚 あれはいい本だから，友達にもすすめるといい！

もえ おかげで線形代数は好きになって，中間テストでもいい点数を取れたんですけど，微積はとんでもない点数で，まさにがけっぷちです．

和尚 そうか，ところで初対面なのに自己紹介をしていないが．

夏子 あ，ごめんなさい．夏川夏子と申します．恵理偉都大学の経済学部1年生です．出身は兵庫県です．大学へは付属の恵理偉都女子高から進学しました．微分積分がまったくできません．よろしくおねがいします．

もえ 　神田もえです．東京は神田生まれの江戸っ子です．恵理偉都大学商学部1年生で，大学には指定校推薦で入りました．夏子と同じテニサーに所属してます．

和尚 　テニサー？

夏子 　テニスサークルのことをテニサーって言うんです．

和尚 　なるほど．ワシは当寺の住職，宇散草居だ．2人をなんと呼んだらいいのかな？　名前か名字か，それともフルネームか．

夏子 　あ，あたしは「夏子」でおねがいします．

もえ 　「もえ」って呼んで下さい．「もえさん」や「もえちゃん」じゃキショクわるいので，「もえ」でおねがいします．

和尚 　わかった．高校の数学はどこまで習ったのかな．夏子は？

夏子 　あたしは一応数Ⅲまでやりました．

もえ 　すごーい！

夏子 　でも数Ⅲは始めから終わりまでちんぷんかんぷんで，何一つ理解してません．授業は出てたけど，ノートも取らず，ケータイでメールのやりとりばっかりしてました．

もえ 　それでどうして合格したのよ．

夏子 　先生が若い男の先生でちょっとハンサムだったの．そやから誕生日にプレゼントをあげて，答案用紙に「愛してます♡」て書いといたら，テストがボロボロでも合格できたわ．

もえ 　なーにそれ，インチキじゃん！

夏子 　人聞きの悪いこと言わんといて．処世術よ，処世術！

和尚 　おやおや．もえは高校数学どこまで習ったのかな？

もえ 　あたしは外部推薦で大学に入ったので，夏子と同じく入試は受けてません．数学は2年生の数ⅡBまでやりました．そこで微積の初歩は習ったけど，3年生で数学と縁が切れたら，1年間できれいさっぱり全部忘れました．もうなんにもおぼえてません．3年の秋に推薦が決まってからはとにかく遊んでばっかりで，高校で習ったことはぜーんぶ忘れちゃいました．大学に入ったらいきなり数Ⅲレベルの微積が出てきて四苦八苦してます．

和尚　なるほど．微積分の勉強，というか「修行」は明日から始めるが，その前に 2 人の学力がどの程度か知っておきたい．次の例題を解いてみなさい．

●例題 1.　次の関数を微分せよ．

（1）$y = x^3 + 1$.　（2）$y = \sqrt{x^2 + 1}$.　（3）$y = \dfrac{x^2 - 2x - 2}{x^2 + x + 1}$.

和尚　どうだな？

もえ　出た！　いきなり例題だ．例題なんてきれーだい！

和尚　この例題が簡単にできるようなご仁は当寺で修行する必要はない．だから今できなくても気にすることはない．

もえ　あー良かった．

和尚　当寺で修行すればこんな例題はお茶の子さいさいだ．もえは数ⅡB まで習ったのだろう？　それなら (1) は解けるはずだ．(1) の答えはどうなる？

もえ　え？　おぼえてないよう！　なんだっけなー．えーとえーと，x の肩についてる 3 を前に出して，それに x のなんとか乗をかけるんだけど，3 に 1 を足すのか 1 を引くのかどっちだったっけ．

和尚　微分と積分がごっちゃになってるな．

もえ　えーい，ヤマカンで行きます！　(1) の答は
$$y' = 3x^2 + 1$$
です．

夏子　1 は定数だから，微分すると消えるんとちゃう？　あんまり自信ないけれど
$$y' = 3x^2$$
だと思います．

和尚　夏子が正解だ．

夏子　やったー！　もえに勝った！

もえ　夏子は数Ⅲまでやったんだから (1) ができるのは当たり前でしょ．シャクにさわるなあ．

和尚　(1) ができないということは，はっきり言って「微分がまったくできない」ということだ．

もえ　「微分がまったくできない」ですか？　いやですそんなの．

和尚　なんとかしたいか？

もえ　なんとかしたいです．

和尚　微分がまったくできない状態から，短期間で微分がなんとかできる状態になるには，相当の覚悟が必要だぞ．

もえ　大丈夫です．心の準備はできてます．

和尚　そうか．例題の (2) と (3) は高校の数Ⅲの範囲だが，夏子は数Ⅲを習ったのだろう．少しはわかるか？

夏子　ぜーんぜんわかりません！

和尚　力強いなあ．まったくお手上げか？

夏子　その通りでございます．

和尚　おやおや．2人とも今回の修行では大いに苦労するかもしれんぞ．

もえ　平気平気．2人とも楽観主義ですから．だけど例題の (2) と (3)，ホントに解けるようになるんですか？

和尚　しっかり修行すれば，こんなものはお茶の子さいさいだ．

もえ　お茶の子さいさいですか．うれしいなあ．できるようになったらクラ友に自慢してやります．

和尚　クラ友？

もえ　クラスの友達，略してクラ友です．

和尚　例題の答を書いたメモを渡しておこう．今は解けなくても，自分で解けるようになったら練習問題としてやってごらん．

●例題 1 の答

（1） $y' = 3x^2$. （2） $y' = \dfrac{x}{\sqrt{x^2+1}}$. （3） $y' = \dfrac{3x^2+6x}{(x^2+x+1)^2}$.

もえ　ありがとうございます．ところで今回の「修行」では微積分のどこまで教えていただけるんですか？

和尚　微分と積分の基本的な計算と，大学で学ぶ偏微分，2変数関数の極値問題などを予定している．

もえ　うわあ，難しそう！

和尚　夏子は数Ⅲの教科書をまだ持っているか？

夏子　はい．今日も持ってきてます．

和尚　参考になるから毎回持ってきなさい．新しいノートを用意すること．人間はコンピュータとちがって「忘れる」ようにできているのだ．「わかった」と思っても，時間がたつと忘れてしまう．自筆ノートはとても大切なものだ．それでは明日から毎日，午後1時にここに集合して修行を始めよう．

夏子　はい．どうもありがとうございました．

もえ　ありがとうございました．

夏子　明日からよろしくお願いします．失礼します．

もえ　失礼しまーす．

和尚　バイビー！

● 目次

プロローグ … i

第一話　微分経 … 1

第二話　合成関数の微分 … 14

第三話　積の微分と商の微分 … 29

第四話　導関数(**1**) … 41

第五話　導関数(**2**) … 50

第六話　偏微分 … 69

第七話　**2**変数関数の極値 … 85

第八話　三角関数の微分 … 95

第九話　e^x の微分 … 108

第十話　$\log x$ の微分 … 118

第十一話　不定積分 … 131

第十二話　定積分 … 145

第十三話　微分を表す記号 dy/dx … 155

第十四話　置換積分法 … 169

あとがき … 184

索引 … 185

● 第一話

微分経

和尚　それでは本日より微積分の修行を始める．2人とも心の準備はいいか？
夏子　はい．
もえ　だいじょうぶです．
和尚　ホントにだいじょうぶか？
もえ　あたしこう見えても体育会系です．しかも江戸っ子ですから，夏子みたいな芦屋のお嬢さまじゃありません．
夏子　ちゃうちゃう．お嬢さまとちゃうよ．
和尚　夏子は芦屋か．おどろいた．アッシャー！
もえ　ツマラナイ・・・！
和尚　なんだ？
もえ　いえ．ひとりごとです．
和尚　まず，微分の基本的な計算ができるようにしてしまおう．
夏子　ムズカシそう！
和尚　幸いなことに，当寺には微分経 (びぶんきょう) というありがたーいお経がある．
夏子　微分経ですか？　聞いたことありません．

和尚　これは数百年前，乳豚上人(にゅうとん)というお方が書いたと伝えられる．とても
　　　役に立つもので，当寺に代々伝わっておる．
もえ　だいじょうぶかなあ・・・
和尚　なんだ？
もえ　いえ．ひとりごとです．
和尚　微分経の成立には，来府日津(らいぶにっつ)和尚も協力したらしい．なにしろ古いもの
　　　なので，破れてしまったり，ネズミのおしっこで読めなくなったところ
　　　もある．しかし，最初のところはほぼ完璧に残っている．これは奇跡と
　　　言うべきだろう．
夏子　そんなにありがたいお経なんですか？
和尚　いずれわかる．

● 微分とは何か

和尚　微分経の一番最初には，微分とは何であるかが書かれている．すなわち，

　　　微分するとは，導関数を求めることである．導関数のことを単に微分と
　　　いうこともある．

もえ　それくらいあたしでも知ってますよー．
和尚　えらそうなことを言うな．人間はコンピュータとちがってすぐに忘れる
　　　ようにできているのだ．簡単だと思ってもバカにせずに，ちゃんとノー
　　　トに書いておきなさい．
もえ　はーい．
和尚　導関数の定義はずっとあとになってから登場する．微分経では，まず計
　　　算の基本が先に述べられている．
夏子　なるほど．

● 微分を表す記号

和尚　微分を表すには，微分する関数をカッコで囲んで右肩にダッシュ（′）
　　　をつけるのが最も簡単な方法だ．たとえば

$$\left(x^2 + x - \frac{1}{2}\right)', \quad \left(\sqrt{x^2+1}\right)'$$

などのように表すのだ．

夏子　ダッシュをつけることが「微分する」っていう意味なんですね？

和尚　その通りだ．

● 定数の微分

和尚　最初の文に続いて，微分経には次のように書かれている．

　定数を微分すると 0 になる．

夏子　定数も一つの関数と考えるんでしたっけ？

和尚　その通り．定数を微分するといつでも 0 になる．たとえば
$$(-2)' = 0, \quad \left(\frac{4}{5}\right)' = 0, \quad \left(\sqrt{3} - 1\right)' = 0$$
といったぐあいだ．

もえ　簡単ですね．

和尚　バカにしちゃいかん．簡単だと思っても，つい忘れてしまうことがある．かんちがいすることもある．ちゃんとノートに書いておきなさい．

もえ　はーい．

● x^α の微分

和尚　微分経には続いて x^α (α は定数) の微分のことが書かれている．

もえ　うわあムズカシそう．やっと数学らしくなってきましたね．

和尚　微分経にはたった 1 行，次のように書かれている．

　オドロキ，モモノキ，サンショノキ．

夏子　なんですか，それ？

もえ　だいじょうぶかなあ・・・

和尚　なんだ？

もえ　いえ．ひとりごとです．

和尚　実際の例をやってみよう．まず x^3 からいくぞ．

微分経にしたがって x^3 を微分すると，

(オドロキ)　　　3
(モモノキ)　　　$3x$
(サンショノキ)　$3x^2$

となる．すなわち，

$$(x^3)' = 3x^2$$

と求まるのだ．

もえ　なーにそれ？

夏子　手品みたいですね．

和尚　今度は x^4 を微分してみよう．

微分経にしたがって x^4 を微分すると，

(オドロキ)　　　4
(モモノキ)　　　$4x$
(サンショノキ)　$4x^3$

となる．すなわち，

$$(x^4)' = 4x^3$$

と求まる．

もえ　ウーン．

夏子　なんとなくわかったような気もします．

和尚　微分が微 (かす) かに分かったかな？

つぎは x^5 を微分してみよう．

もえ　x の 5 乗ですか？　ゴジョーダンでしょう．

和尚　ツマラナイ・・・

もえ　なんですか？

和尚　いや．ひとりごとだ．

微分経にしたがって x^5 を微分すると，

(オドロキ)　　　5
(モモノキ)　　　$5x$
(サンショノキ)　$5x^4$

となる．すなわち，
$$(x^5)' = 5x^4$$
と求まるのだ．

この3つを並べてみよう．
$$(x^3)' = 3x^2, \quad (x^4)' = 4x^3, \quad (x^5)' = 5x^4$$
となるぞ．

もえ　わかりました，たぶん．

和尚　さすがは恵理偉都大学商学部，頼もしいな．では x^{10} を微分するとどうなる？

もえ　微分経にしたがって x^{10} を微分すると，

　　　　（オドロキ）　　　10
　　　　（モモノキ）　　　$10x$
　　　　（サンショノキ）　$10x^9$

ですから，
$$(x^{10})' = 10x^9$$
と求まりました．

和尚　正解だ．では夏子，x^{5963} を微分するとどうなる？

夏子　微分経にしたがって x^{5963} を微分すると，

　　　　（オドロキ）　　　5963
　　　　（モモノキ）　　　$5963x$
　　　　（サンショノキ）　$5963x^{5962}$

となるので，
$$(x^{5963})' = 5963x^{5962}$$
と求まりました．

和尚　ゴクローサン．正解だ．

一般に α が定数のとき，微分経にしたがって x^α を微分すると，

　　　　（オドロキ）　　　　α
　　　　（モモノキ）　　　　αx
　　　　（サンショーノキ）　$\alpha x^{\alpha-1}$

となる．ここでサンショノキを「サンショーノキ」と伸ばしたのは，サンショーノキの「ー」と，$\alpha-1$ の「−」とが一致するからだ．こうしておけば − と + を混同するおそれがない．

したがって
$$(x^\alpha)' = \alpha x^{\alpha-1}$$
という公式がえられる．

夏子　サンショーノキと伸ばしておぼえるんですね．なるほどなるほど．

和尚　重要な公式なので，もう一度書いておこう．

$$\alpha \text{ が定数のとき，} (x^\alpha)' = \alpha x^{\alpha-1}.$$

もえ　オドロキ・モモノキ・サンショノキですね．微分経の意味が少しわかってきました．

和尚　次に，x^2 の微分を考えよう．

微分経にしたがって x^2 を微分すると，

    （オドロキ） 2
    （モモノキ） $2x$
    （サンショノキ） $2x^1$

となるから，
$$(x^2)' = 2x^1$$
なのだが，1 乗するというのは 1 回かけることだから，
$$x^1 = x$$
となる．したがって，
$$(x^2)' = 2x$$
と求まった．

もえ　なるほど．オドロキ・モモノキ・サンショノキで求まりますね．

和尚　この式は実際の計算でよく使うので，あらためて書いておこう．

$$(x^2)' = 2x.$$

和尚　今度は x という関数を微分することを考える．
$$x = x^1$$
だから，これもオドロキ・モモノキ・サンショノキが使えるのだ！

微分経にしたがって $x = x^1$ を微分すると，

　　　　(オドロキ)　　　　1
　　　　(モモノキ)　　　　$1 \cdot x$
　　　　(サンショノキ)　　$1 \cdot x^0$

となるが，微分経にはこう書かれている．

0 乗すると 1 になる．

和尚　そう．0 乗すると 1 になるのだ．したがって，
$$(x)' = 1 \cdot x^0 = 1 \times 1 = 1$$
と求まった．

これは微分の計算で非常によく使うので，おぼえてしまおう．

$$(x)' = 1.$$

もえ　暗記しなくちゃいけないことがどんどん出てきますね．

和尚　計算しているうちに自然におぼえるから心配はいらん．あせっちゃダメ！

夏子　もし忘れたら，オドロキ・モモノキ・サンショノキ，ですよね？

和尚　その通り．それと
$$x^1 = x, \qquad x^0 = 1$$
の 2 つを思い出せばいい．

● 和 (差) の微分

和尚　微分経には，こう書かれている．

　　和の微分は微分の和，差の微分は微分の差．

夏子　わー，短い！

もえ　さー，どうかな．

和尚　今のはしゃれか？

2つの関数を足してから微分しても，微分してから足しても同じだという意味だ．引き算についても同じことだ．

夏子　たとえば，
$$(3x^2 - 7x)' = (3x^2)' - (7x)'$$
ということですか？

和尚　その通り．

この性質をくり返し使うと，次のことがわかる．

いくつかのかたまりが＋か－で結ばれている関数を微分するには，まずそれぞれのかたまりを微分して，＋のところは＋，－のところは－をつけて結べばよい．

和尚　これが微分の計算の基本の一つだ．

例題をやってみよう．

●例題1．　次の関数を微分せよ．
$$y = x^{17} - x^{12} + \frac{1}{5}.$$

もえ　もえが挑戦してみます．

和尚　頼もしいな．

もえ　やる気まんまんですから．えーと，この関数は
$$x^{17}, \quad x^{12}, \quad \frac{1}{5}$$
の3つのかたまりが＋と－で結ばれてますから・・・・・

和尚　マスカラ？　アイシャドー？

もえ　つまらない！　あ，失礼しました．それぞれのかたまりを微分して + のところは +，− のところは − をつけて結ぶと，
$$y' = \left(x^{17} - x^{12} + \frac{1}{5}\right)'$$
$$= \left(x^{17}\right)' - \left(x^{12}\right)' + \left(\frac{1}{5}\right)'$$
となります．

和尚　いいぞいいぞ．

もえ　x^{17} と x^{12} の微分はオドロキ・モモノキ・サンショノキだから
$$\left(x^{17}\right)' = 17x^{16},$$
$$\left(x^{12}\right)' = 12x^{11}$$
でしょ．3つめのかたまりの $\frac{1}{5}$ は定数だから，定数を微分すると 0，つまり
$$\left(\frac{1}{5}\right)' = 0$$
となる，と．だから，
$$y' = \left(x^{17} - x^{12} + \frac{1}{5}\right)'$$
$$= \left(x^{17}\right)' - \left(x^{12}\right)' + \left(\frac{1}{5}\right)'$$
$$= 17x^{16} - 12x^{11} + 0$$
$$= 17x^{16} - 12x^{11}$$
で，できました．答は
$$y' = 17x^{16} - 12x^{11}$$
です．

和尚　正解だ．

夏子　すごーい！

和尚　もえは天才かもしれんな．

もえ　ホントですか？

和尚　おせじだ．

●例題 1 の答　$y' = 17x^{16} - 12x^{11}$.

●定数倍の微分

和尚　つづいて微分経にはこう書かれている．

　　定数倍の微分は，微分の定数倍．

夏子　どういうこと？
もえ　イミがわからん．
和尚　定数がかかっていたら，それを微分の外に出せる，ということだ．たとえば，
$$5x^4$$
という関数は，x^4 に5という定数がかかっているだろ．だからこの関数を微分すると，
$$(5x^4)' = 5(x^4)'$$
となるのだ．右辺はもちろん5と $(x^4)'$ をかけるという意味だぞ．
もえ　そうか．x^4 はオドロキ・モモノキ・サンショノキで計算できるから，$5x^4$ が微分できるんだ．
和尚　その通り．
$$\begin{aligned}(5x^4)' &= 5(x^4)' \\ &= 5 \times 4x^3 \\ &= 20x^3\end{aligned}$$
と求まる．

例題をやってみよう．

●例題2.　次の関数を微分せよ．
$$y = \frac{1}{3}x^3 + 5x^2 - \frac{2}{5}x + 1.$$

もえ　長い式だなあ．頭がクラクラしてきた．

夏子　今度はあたしがやってみます．

この関数は
$$\frac{1}{3}x^3, \quad 5x^2, \quad \frac{2}{5}x, \quad 1$$
という4つのかたまりが + と − で結ばれているから，まずかたまりごとに微分して，
$$y' = \left(\frac{1}{3}x^3 + 5x^2 - \frac{2}{5}x + 1\right)'$$
$$= \left(\frac{1}{3}x^3\right)' + (5x^2)' - \left(\frac{2}{5}x\right)' + (1)'$$
となるでしょ．定数を微分の外に出して
$$= \frac{1}{3}(x^3)' + 5(x^2)' - \frac{2}{5}(x)' + (1)'$$
となるけど，
$$(x^3)' = 3x^2, \quad (x^2)' = 2x,$$
$$(x)' = 1, \quad (1)' = 0$$
やから，
$$y' = \frac{1}{3} \times 3x^2 + 5 \times 2x - \frac{2}{5} \times 1 + 0$$
$$= x^2 + 10x - \frac{2}{5}$$
で求まりました．

和尚　正解だ．

もえ　すごーい！　微分経ってすごいなあ！

和尚　見直したか？

もえ　見直しました．

和尚　これで x の多項式の微分ができることになった．

もえ　多項式ってなんだっけ？

夏子　2次式とか3次式とか・・・

もえ　そっかそっか．今の例題みたいに，かたまりごとに微分してつなげればいいんだから，定数を前に出して「オドロキ・モモノキ・サンショノキ」でしょ．定数項は微分すると0だから，これでカンペキだ！

和尚　高校の数IIレベルの微分の計算は，これでOKだ．

もえ　信じられなーい！　高2のときあんなに苦労したのに．

●例題 2 の答　$y' = x^2 + 10x - \dfrac{2}{5}$.

和尚　今日の修行はここまで．宿題を出しておくから，明日までに解いてきなさい．

●宿題 1

次の関数を微分せよ．

(1)　$y = x^{13714}$.
(2)　$y = x^{100} + x^{22} - 3$.
(3)　$y = 1 - x$.
(4)　$y = -x^3$.
(5)　$y = x^2 + x + 1$.
(6)　$y = \dfrac{2 - x^3}{3}$.
(7)　$y = -\dfrac{1}{2}x^2$.
(8)　$y = \dfrac{5}{6}x^3$.
(9)　$y = 2 - 3x + \dfrac{1}{2}x^2$.
(10)　$y = \dfrac{2}{5}x^5 - 3x^4 - \dfrac{3}{2}x^3 + x - \dfrac{1}{2}$.

夏子　どうもありがとうございました．失礼しまーす．
もえ　失礼しまーす．
和尚　バイビー．

　　M ホテルのラウンジにて

もえ　あーあ．せっかくの夏休みに「数学の修行」かあ．
夏子　しかたないよ．夏休み明けのテスト，しくじったらえらいことや．
もえ　テストかあ．アタマいたい．でもさ，和尚さんていうから年とった人かと思ったら，意外に若くてカッコいいじゃん！　大河ドラマに出てきた歌舞伎俳優によく似てる．
夏子　そうそう．市川なんとか言うたかな．いくつぐらいやろ？
もえ　若くみえるけど，40 ぐらいじゃないの？　今度きいてみようか．
夏子　うん．ところで，もえは授業出てる？

もえ　授業って，大学の？
夏子　そう．微積の授業．
もえ　全部出てるよ．
夏子　先生をえらべるの？
もえ　えらべない．クラス指定で，はじめから決まってる．
夏子　当たり？　はずれ？
もえ　はずれもはずれ，大はずれ！　とにかく教科書棒読みで，「ここは簡単ですね」とか「ここはあとで読めばわかります」とか，テキトーにやってるって感じ．板書もほとんどしないし，緊張感が無いっていうか，ねむくてしかたがない．何一つ理解してないよ．友達が質問に行ったら「こんなことがなんでわからないんだ」って怒られちゃった．わからないから質問に行ったのに，とにかくサイアク．
夏子　年間100万円以上も学費払ってるのに，なんで授業がこんなお粗末なんやろ．
もえ　単位が欲しいからおとなしく我慢してるけど，はっきり言ってサギだよね．
夏子　今晩宿題やらなきゃ．めんどくさいなあ．
もえ　今日の宿題は何とかなりそう．すぐ終わるよ，きっと．
夏子　きのう和尚さんが出した例題，おぼえてる？
もえ　ルートのついたやつ？
夏子　あんな問題，ほんまに解けるようになるんやろか？
もえ　「修行すれば解けるようになる」って言ってたよ．
夏子　修行すればねえ．

● 第二話

合成関数の微分

●宿題1の答

(1) $y' = 13714x^{13713}$.　　(2) $y' = 100x^{99} + 22x^{21}$.

(3) $y' = -1$.　　(4) $y' = -3x^2$.

(5) $y' = 2x + 1$.　　(6) $y' = -x^2$.

(7) $y' = -x$.　　(8) $y' = \dfrac{5}{2}x^2$.

(9) $y' = -3 + x$.　　(10) $y' = 2x^4 - 12x^3 - \dfrac{9}{2}x^2 + 1$.

和尚　(4) の $y = -x^3$ だが，これは

$$y = 0 - x^3$$

と考えて

$$y' = (0)' - (x^3)'$$

としてもいいし，あるいは

$$y = (-1) \times x^3$$

と考えて

$$y' = (-1) \times (x^3)'$$

としてもいい．

(6) の $y = \dfrac{2-x^3}{3}$ だが，これは

$$y = \frac{2}{3} - \frac{1}{3}x^3$$

と考えて

$$y' = \left(\frac{2}{3}\right)' - \left(\frac{1}{3}x^3\right)'$$

としてもいいし，あるいは

$$y = \frac{1}{3} \times \left(2 - x^3\right)$$

と考えて

$$y' = \frac{1}{3} \times \left(2 - x^3\right)'$$

としてもいい

夏子　時間があったので，計算を全部チェックできました．めずらしくノーミスです．

もえ　あたしも全問正解です．やったー，うれしいなあ！

和尚　いいぞいいぞ，その調子！　ちょうしのはずれは犬吠埼．

夏子　は？

もえ　ツマラナイ・・・！

和尚　なんだ？

もえ　いえ．ひとりごとです．

和尚　きょうは高校の数Ⅲレベルの話になる．きのうの話より，すこーし難しいかもしれんぞ．

もえ　すこーし，ですか？

和尚　かなり，かもしれん．

夏子　かなり，ですか？

和尚　ずーっと，かもしれん．

● $\frac{1}{x}$ と $\sqrt{x}$ の微分

和尚 微分経にはこう書かれている．

> 逆数は (-1) 乗，平方根は $\frac{1}{2}$ 乗．

夏子 なんですか，それ？

和尚 式で書くと

$$\frac{1}{A} = A^{-1}, \qquad \sqrt{A} = A^{\frac{1}{2}}$$

ということだ．

きのう説明した「オドロキ・モモノキ・サンショノキ」の公式があっただろう．じつは，

公式 $(x^\alpha)' = \alpha x^{\alpha-1}$ は，定数 α がマイナスでも，分数でも成り立つ．

微分経は，この公式を使って $\frac{1}{x}$ や $\sqrt{x}$ の微分ができることを教えているのだ．

●例題 1. 次の関数を微分せよ．

$$y = \frac{1}{x}.$$

和尚 わかるかなー？

もえ ぜんぜんわかりません．

和尚 力強いなあ．もえは数Ⅲを習ってないから，まあしかたないだろう．

逆数は (-1) 乗だから，まず

$$\frac{1}{x} = x^{-1}$$

と直しておく．

微分経にしたがって x^{-1} を微分すると，

(オドロキ)　　　　-1
(モモノキ)　　　　$(-1)x$
(サンショーノキ)　$(-1)x^{-1-1}$

となるから，
$$(x^{-1})' = (-1)x^{-2} = -x^{-2}$$
となるだろ．ここで (-2) 乗するというのは，2乗して逆数をとる，ということだ．すなわち，
$$x^{-2} = \frac{1}{x^2}$$
ということだ．したがって
$$\left(\frac{1}{x}\right)' = (x^{-1})' = -x^{-2} = -\frac{1}{x^2}$$
となるから
$$\left(\frac{1}{x}\right)' = -\frac{1}{x^2}$$
と求まった．

もえ すごーい！ 微分経ってすばらしいですね！

和尚 ちなみに
$$\left(\frac{1}{x}\right)' = -\frac{1}{x^2}$$
を公式として丸暗記するのは少し問題がある．かなりまぎらわしいからだ．やはり，
$$A^{-1} = \frac{1}{A}, \quad A^{-2} = \frac{1}{A^2}, \quad A^{-3} = \frac{1}{A^3}, \quad \cdots$$
ということを頭に入れた上で「オドロキ・モモノキ・サンショーノキ」を使うのがオススメだ．

●例題1の答　$y' = -\dfrac{1}{x^2}$．

和尚 つぎは $\sqrt{x}$ の微分に行くぞ．

●例題2.　$y = \sqrt{x}$ を微分せよ．

和尚 わかるかなー？
夏子 なんとなくできそう．でも自信ありません．

和尚　チャレンジチャレンジ！　まちがってもいいからやってごらん．

夏子　えーと，ルートは $\frac{1}{2}$ 乗だから，まず

$$\sqrt{x} = x^{\frac{1}{2}}$$

と直します．

微分経にしたがって $x^{\frac{1}{2}}$ を微分すると，

(オドロキ)　　　$\frac{1}{2}$

(モモノキ)　　　$\frac{1}{2}x$

(サンショーノキ)　$\frac{1}{2}x^{\frac{1}{2}-1}$

となるので，

$$\left(x^{\frac{1}{2}}\right)' = \frac{1}{2}x^{\frac{1}{2}-1} = \frac{1}{2}x^{-\frac{1}{2}}$$

となりました．あれれ？

もえ　$\left(-\frac{1}{2}\right)$ 乗ってなんですか？

和尚　一般に $(-\alpha)$ 乗は，α 乗の逆数のことだ．だから $\left(-\frac{1}{2}\right)$ 乗するというのは，$\frac{1}{2}$ 乗して逆数をとるということになる．

夏子　そっかそっか．そうすると，

$$\left(x^{\frac{1}{2}}\right)' = \frac{1}{2}x^{-\frac{1}{2}} = \frac{1}{2} \times \frac{1}{x^{\frac{1}{2}}}$$

となるけど，$\frac{1}{2}$ 乗するっていうのはルートをとることだから，

$$\left(x^{\frac{1}{2}}\right)' = \frac{1}{2} \times \frac{1}{x^{\frac{1}{2}}} = \frac{1}{2} \times \frac{1}{\sqrt{x}}$$

となるでしょ．

もえ　ふんふん，なるほど．

夏子　できちゃったみたい．

$$\left(\sqrt{x}\right)' = \left(x^{\frac{1}{2}}\right)' = \frac{1}{2} \times \frac{1}{\sqrt{x}} = \frac{1}{2\sqrt{x}}$$

だから，

$$\left(\sqrt{x}\right)' = \frac{1}{2\sqrt{x}}.$$

できました！

和尚　正解だ．

もえ　すごーい！　微分経って強力だなあ．

●例題 2 の答　$y' = \dfrac{1}{2\sqrt{x}}$．

夏子　これって，公式としておぼえた方がいいんですか？

和尚　計算を何度もやってるうちに自然におぼえるのが一番．ムリに丸暗記するのは考えものだ．

もえ　基本は「オドロキ・モモノキ・サンショーノキ」ですね．

和尚　それと
$$\sqrt{A} = A^{\frac{1}{2}}, \qquad A^{-\alpha} = \dfrac{1}{A^\alpha}$$
ということだ．

● 合成関数の微分

和尚　変数を表す文字はいつでも x というわけではない．
たとえば t が変数のとき，t^3 を微分すると
$$\left(t^3\right)' = 3t^2$$
となる．

もえ　うん．それくらいはわかります．

和尚　あるいは u が変数のとき，$\dfrac{1}{u}$ と $\sqrt{u}$ を微分すると
$$\left(\dfrac{1}{u}\right)' = -\dfrac{1}{u^2}, \qquad \left(\sqrt{u}\right)' = \dfrac{1}{2\sqrt{u}}$$
となる．

夏子　さっきの例題 1 と例題 2 で，x を u におきかえれば OK ですね．

和尚　その通り．

もえ　でも文字がいろいろ出てくるとモジモジしてキショクわるいなあ．

和尚　今のはシャレか？
　　　合成関数の微分は微分の計算技法の中でとびぬけて重要なものだ．微分経にはこう書かれている．

ある関数の，そのまた関数になっているものを微分するには，「ある関数」を一つの文字 (変数) と考えて「そのまた関数」を微分し，それに「ある関数」を微分したものをかければよい．

和尚　わかるかなー？
もえ　わかりませーん．まるでチンプンカンプンでーす．
和尚　こーゆーのは理屈で覚えるのではなく，体で覚えるのがポイントだ．
もえ　体で覚える，ですか？
和尚　それにはどうしても時間がかかる．決してあせっちゃいかん．しかしいったん体で覚えてしまうと，たぶん 20 年は忘れないだろう．
もえ　ホントですか？　　20 年はスゴイなあ．
和尚　例題で説明しよう．

●例題 3.　次の関数を微分せよ．
$$y = (2x-1)^3.$$

和尚　ここで $(2x-1)$ を「ある関数」と考えると，「3 乗する」というのが「そのまた関数」に相当する．微分経の文章をよく見てごらん．そこで $(2x-1)$ を一つの文字と考えてしまうのだ．
　　　微分経にしたがって $(2x-1)^3$ を $(2x-1)$ で微分すると，

　　　　　　(オドロキ)　　　　3
　　　　　　(モモノキ)　　　　$3(2x-1)$
　　　　　　(サンショノキ)　　$3(2x-1)^2$

となるだろ．これに $(2x-1)$ を微分したものをかければよいのだ．すなわち，

$$((2x-1)^3)' = 3(2x-1)^2 \times (2x-1)'$$
$$= 3(2x-1)^2 \times 2$$
$$= 6(2x-1)^2$$

となる．

夏子 なんだか手品みたいですね．

もえ わかったようなわからないような．不思議な気分です．

●例題 3 の答 $y' = 6(2x-1)^2$.

和尚 慣れるまでには時間がかかる．あせっちゃいかん．

●例題 4．次の関数を微分せよ．
$$y = (x^3 + 1)^5.$$

もえ よーし！ 勇気を出して，もえが挑戦してみます．

和尚 いいぞいいぞ，その調子！ ちょうしの外れは犬吠埼．

もえ またですか？

和尚 なんだ？

もえ いえ．ひとりごとです．

えーと，「ある関数」を (x^3+1) と考えると，5 乗するのが「そのまた関数」になるので，(x^3+1) を一つの文字だと考えます．

和尚 なるほど．

もえ 微分経にしたがって $(x^3+1)^5$ を (x^3+1) で微分すると，

(オドロキ)   5
(モモノキ) $5(x^3+1)$
(サンショノキ) $5(x^3+1)^4$

となるので，これに (x^3+1) を微分したものをかければいいんです．

和尚 すばらしい！

もえ　だから，
$$((x^3+1)^5)' = 5(x^3+1)^4 \times (x^3+1)'$$
$$= 5(x^3+1)^4 \times 3x^2$$
$$= 15x^2(x^3+1)^4$$

となりました．

和尚　正解だ．

夏子　すごーい！　もえ，やるじゃない！

もえ　エヘヘ．大したもんでしょ？

●例題 4 の答　$y' = 15x^2(x^3+1)^4$．

和尚　例題 3 と例題 4 を解くときに出てきた多項式の微分を復習しておこう．念のためだ．
$$(2x-1)' = (2x)' - (1)'$$
$$= 2(x)' - (1)'$$
$$= 2 \times 1 - 0$$
$$= 2.$$
$$(x^3+1)' = (x^3)' + (1)'$$
$$= 3x^2 + 0$$
$$= 3x^2.$$

●例題 5．次の関数を微分せよ．
$$y = \frac{1}{x+5}.$$

和尚　どうかなー？

もえ　えー，わかんない．

夏子　あたしもあんまり自信ないけど，$x+5$ を「ある関数」とすると，逆数をとるのが「そのまた関数」でしょ．

もえ　そっかそっか．

夏子　$x+5$ を一つの文字と考えるのよ．

もえ　なるほど．

夏子　逆数は (-1) 乗．

もえ　さっきやったばっかり．

夏子　そやから微分経にしたがって
$$\frac{1}{x+5} = (x+5)^{-1}$$
を $(x+5)$ で微分すると，

　　　(オドロキ)　　　　-1
　　　(モモノキ)　　　　$(-1)(x+5)$
　　　(サンショーノキ)　$(-1)(x+5)^{-1-1}$

となるので，これに $(x+5)$ を微分したものをかければいい！

もえ　なるほどなるほど！

夏子　てことは，
$$\begin{aligned}\left(\frac{1}{x+5}\right)' &= \left((x+5)^{-1}\right)' \\ &= (-1)(x+5)^{-1-1} \times (x+5)' \\ &= -(x+5)^{-2} \times 1 \\ &= -\frac{1}{(x+5)^2}\end{aligned}$$
となって，できました．

和尚　正解だ．

もえ　やるなあ．

●例題 5 の答　$y' = -\dfrac{1}{(x+5)^2}$．

●例題 6. 次の関数を微分せよ．
$$y = \frac{2}{3-5x}.$$

和尚 これはどうかなー？

夏子 例題 5 と同じようにやればできそうです．

もえ 分子の 2 がジャマじゃない？

夏子 定数倍は微分の外に出せるから，
$$\frac{2}{3-5x} = 2 \times \frac{1}{3-5x}$$
と考えて
$$\left(\frac{2}{3-5x}\right)' = 2 \times \left(\frac{1}{3-5x}\right)'$$
としたらええんとちゃう？

もえ そっかそっか．そんで合成関数の微分を使ったらいいんだ．

夏子 $(3-5x)$ を一つの文字と考えて，微分経にしたがって
$$\frac{1}{3-5x} = (3-5x)^{-1}$$
を $(3-5x)$ で微分すると

  (オドロキ) -1
  (モモノキ) $(-1)(3-5x)$
  (サンショーノキ) $(-1)(3-5x)^{-1-1}$

となるから，これに $(3-5x)$ を微分したものをかけて，さらに 2 をかければいいのよ．

もえ なーるほど．

夏子 てことは，
$$\begin{aligned}\left(\frac{2}{3-5x}\right)' &= 2 \times \left((3-5x)^{-1}\right)' \\ &= 2 \times (-1)(3-5x)^{-1-1} \times (3-5x)' \\ &= -2(3-5x)^{-2} \times (-5) \\ &= \frac{10}{(3-5x)^2}\end{aligned}$$
となって，できました．

和尚　正解だ．

もえ　お見事！

●例題 6 の答　$y' = \dfrac{10}{(3-5x)^2}$．

和尚　合成関数の微分に少し慣れてきたようだな．ここは微分の計算法の中でもツボの中のツボだ．高校の数Ⅲレベルだが，合成関数の微分ができるとできないとでは大ちがい，月とスッポンポンだ．

夏子　「月とスッポン」じゃないんですか？

和尚　そんなナマやさしいもんじゃないぞ．月とスッポンポンぐらいにちがう．

もえ　スッポンポンにはなりたくないなあ．

●例題 7．次の関数を微分せよ．
$$y = \sqrt{x^2+1}.$$

もえ　出た！　おとといの例題だ．

和尚　その通り．

夏子　おととい見た時はぜんぜんできそうもなかったけど，今はなんとなく解けそうな気がします．

和尚　そうだろうそうだろう．これもみな，微分経のご利益だ．

もえ　そっかそっか．x^2+1 を「ある関数」と考えると，ルートをとるのが「そのまた関数」でしょ．ルートは $\dfrac{1}{2}$ 乗だったから，あ，できるできる！

和尚　やってごらん．

もえ　えーとえーと，x^2+1 を一つの文字と考えて，微分経にしたがって
$$\sqrt{x^2+1} = (x^2+1)^{\frac{1}{2}}$$
を x^2+1 で微分すると

(オドロキ)	$\frac{1}{2}$
(モモノキ)	$\frac{1}{2}(x^2+1)$
(サンショーノキ)	$\frac{1}{2}(x^2+1)^{\frac{1}{2}-1}$

となるから，これに (x^2+1) を微分したものをかければいいのよ．

夏子 ふんふん．

もえ すなわち，

$$\left(\sqrt{x^2+1}\right)' = \left((x^2+1)^{\frac{1}{2}}\right)'$$
$$= \frac{1}{2}(x^2+1)^{\frac{1}{2}-1} \times (x^2+1)'$$
$$= \frac{1}{2}(x^2+1)^{-\frac{1}{2}} \times (x^2+1)'$$

となるけど，$\left(-\frac{1}{2}\right)$ 乗するってことは $\frac{1}{2}$ 乗して逆数をとることで，$\frac{1}{2}$ 乗ってのはルートをとることだから，

$$= \frac{1}{2} \times \frac{1}{(x^2+1)^{\frac{1}{2}}} \times (x^2+1)'$$
$$= \frac{1}{2} \times \frac{1}{\sqrt{x^2+1}} \times (x^2+1)'$$
$$= \frac{1}{2} \times \frac{1}{\sqrt{x^2+1}} \times 2x$$
$$= \frac{x}{\sqrt{x^2+1}}$$

となって，できたぞー！

夏子 すごーい！

和尚 正解だ．

もえ こんな問題が解けるなんて，自分でも信じられないよ．うれしいなー！

●例題 **7** の答　$y' = \dfrac{x}{\sqrt{x^2+1}}$．

もえ 東京に帰ったらサークルのみんなに自慢しなくちゃ．この問題が解ける子って，1女 (いちじょ) の中に 3 人ぐらいしかいませんよ，きっと．

和尚 1 女ってなんだ？

もえ　1年女子のことです．あたし商学部なんですけど，普段「バカ商」とかいってバカにされてるので，他の学部の子を見返してやります．

和尚　優越感を味わうのもいいが，相手をよく見ないと，理工系の学生はこれくらいの問題，暗算であっという間に解いてしまうぞ．

もえ　ホントですか？　おっそろしーい！

和尚　彼等は高校の数Ⅲと受験勉強で，たくさん計算をしているから慣れているのだ．ケータイのメールも，慣れれば慣れるほど高速で打てるようになる．それと同じだ．

夏子　理屈よりも，慣れですね．

和尚　そう．だから，あせっちゃいかん．

もえ　なーるほど．

和尚　今日の修行はここまで．宿題を出しておく．きのうの宿題よりはすこーし難しいかもしれん．

夏子　すこーし，ですか？

和尚　かなり，かもしれん．

もえ　かなり，ですか？

和尚　ずーっと，かもしれん．

●宿題 2

次の関数を微分せよ．

(1) $y = \dfrac{1}{x^2}$.　　　　(2) $y = \dfrac{1}{x^3}$.

(3) $y = (2x^2+1)^4$.　　(4) $y = (2x^5+1)^3$.

(5) $y = (x^2-3x+1)^5$.　(6) $y = \sqrt{2x-1}$.

(7) $y = \sqrt{1+x+x^2}$.　(8) $y = (3\sqrt{x}+2)^4$.

夏子　どうもありがとうございました．

和尚　気をつけてお帰り．

もえ　失礼しまーす．

和尚　バイビー．

　　Mホテルのラウンジにて

夏子　あー疲れた．

もえ　同感．でもさ．疲れたことは疲れたけど，いやな疲れ方じゃないよね．テニスで疲れた時みたいに，さわやかっていうか，充実感がある．

夏子　そうやね．問題もずいぶん解けたし．

もえ　ホントだよ．難しい問題が解けたときの「やったー」っていう快感！　クセになりそう．

夏子　この2日間でずいぶんいろんなこと教わったね．

もえ　同感．たった2日でこんだけ進歩するとはねえ．微積寺に駆け込んでホントに良かったよ．

夏子　今日の宿題，ちょっと難しそう．

もえ　だいじょぶだいじょぶ．ちゃんとノートも取ったし，なんとかなるって．

夏子　和尚さんの年齢きくの忘れた．

もえ　そうだ．明日きいてみようか．

夏子　うん．

もえ　合成関数の微分ができるとできないとで月とスッポンポンだって．おもしろいこと言うね．

夏子　とりあえず今日の感じではスッポンポンにはならずにすみそうだわ．

● 第三話

積の微分と商の微分

●宿題 2 の答

(1)　$y' = -\dfrac{2}{x^3}$.

(2)　$y' = -\dfrac{3}{x^4}$.

(3)　$y' = 16x\left(2x^2+1\right)^3$.

(4)　$y' = 30x^4\left(2x^5+1\right)^2$.

(5)　$y' = 5(2x-3)(x^2-3x+1)^4$.

(6)　$y' = \dfrac{1}{\sqrt{2x-1}}$.

(7)　$y' = \dfrac{1+2x}{2\sqrt{1+x+x^2}}$.

(8)　$y' = \dfrac{6(3\sqrt{x}+2)^3}{\sqrt{x}}$.

和尚　宿題 2 の (1) は $y = x^{-2}$, (2) は $y = x^{-3}$ と直してから「オドロキ・モモノキ・サンショーノキ」を適用すればできる．(3) から (8) までは合成関数の微分だが，それぞれ次の関数を「ある関数」として一つの文字と考えると計算できる．

(3)　$2x^2+1$　　　(4)　$2x^5+1$
(5)　x^2-3x+1　　(6)　$2x-1$
(7)　$1+x+x^2$　　(8)　$3\sqrt{x}+2$

どうだ，難しかったか？

夏子　かなり苦労しましたけど，なんとか全問正解でした．まぐれです，きっと．

もえ　気合い入れてやったのに (4) だけまちがえた！　計算チェックもやったのに，くやしいなあ．

和尚　「思い込み」があると計算チェックをしても気付かないことがある．慣れれば改善するから気にすることはない．もえは数Ⅲをやってなかったのだから，7問できれば上出来上出来．

もえ　ホントですか？　スッポンポンじゃないですよね．

和尚　だいじょうぶだ．

もえ　あーよかった！

● 積の微分

和尚　微分の計算をしていると「積の微分」がよく出てくる．2つの関数をかけた形になっているものを微分する，ということだ．

もえ　和の微分は微分の和，だったから，積の微分は微分の積じゃないんですか？

和尚　そうはいかん．要注意だぞ．微分経にはこう書かれている．

　積の微分は，左を微分して右をかけ，右を微分して左をかけ，両者を足し合わせよ．

和尚　左側の関数を微分したものに右側の関数をかけ，右側の関数を微分したものに左側の関数をかけ，この2つを足す，という意味だ．記号で書くと

$$(uv)' = u'v + v'u.$$

もえ　結構フクザツだわ．これ丸暗記しなくちゃいけないんですか？

和尚　最初は暗記かもしれんが，積の微分はよく出てくるから，慣れれば自然に手が動くようになる．合成関数の微分と同じで，あせっちゃいかん．

●例題 1. 次の関数を微分せよ.
$$y = (x^3 - 5x + 5)(x^3 - 5x - 2).$$

和尚 どうかなー？

もえ えーとえーと，左を微分して右をかけると
$$(x^3 - 5x + 5)'(x^3 - 5x - 2)$$
でしょ．右を微分して左をかけると
$$(x^3 - 5x - 2)'(x^3 - 5x + 5)$$
ですよね．この両者を足すんだから
$$y' = (x^3 - 5x + 5)'(x^3 - 5x - 2) + (x^3 - 5x - 2)'(x^3 - 5x + 5)$$
かあ．うわあ，めんどくさー！

夏子 そうでもないんとちゃう？

もえ 微分の計算まだ暗算でできないョ．

和尚 あせっちゃいかん．最初はゆっくりの方がいい．

もえ はーい．ではゆっくりやります．
$$\begin{aligned}(x^3 - 5x + 5)' &= (x^3)' - (5x)' + (5)' \\ &= (x^3)' - 5(x)' + (5)' \\ &= 3x^2 - 5 \times 1 + 0 \\ &= 3x^2 - 5, \\ (x^3 - 5x - 2)' &= (x^3)' - (5x)' - (2)' \\ &= (x^3)' - 5(x)' - (2)' \\ &= 3x^2 - 5 \times 1 - 0 \\ &= 3x^2 - 5\end{aligned}$$
となるので,
$$\begin{aligned}y' &= (x^3 - 5x + 5)'(x^3 - 5x - 2) + (x^3 - 5x - 2)'(x^3 - 5x + 5) \\ &= (3x^2 - 5)(x^3 - 5x - 2) + (3x^2 - 5)(x^3 - 5x + 5)\end{aligned}$$

$$= (3x^2 - 5)\{(x^3 - 5x - 2) + (x^3 - 5x + 5)\}$$
$$= (3x^2 - 5)(2x^3 - 10x + 3)$$

となって，できました．

和尚　正解だ．

●例題 1 の答　$y' = (3x^2 - 5)(2x^3 - 10x + 3)$.

●例題 2．次の関数を微分せよ．
$$y = x\sqrt{x+1}.$$

夏子　今度はあたしがやってみます．左を微分して右をかけ，右を微分して左をかけ，両者を足すのだから，
$$y' = (x)'\sqrt{x+1} + (\sqrt{x+1})' \times x$$
となります．

もえ　なるほど．

夏子　あれれ？
$$(x)' = 1$$
やけど，
$$(\sqrt{x+1})'$$
はどないしょう．

もえ　合成関数の微分じゃないの？

夏子　なんだかめんどくさいなあ．$x+1$ を一つの文字と考えて，
$$\sqrt{x+1} = (x+1)^{\frac{1}{2}}$$
を $(x+1)$ で微分すると

$$\begin{aligned}
&(\text{オドロキ}) & &\frac{1}{2} \\
&(\text{モモノキ}) & &\frac{1}{2}(x+1) \\
&(\text{サンショーノキ}) & &\frac{1}{2}(x+1)^{\frac{1}{2}-1}
\end{aligned}$$

となるから，これに $(x+1)'$ をかけて，

$$\begin{aligned}
\left(\sqrt{x+1}\right)' &= \left((x+1)^{\frac{1}{2}}\right)' \\
&= \frac{1}{2}(x+1)^{\frac{1}{2}-1} \times (x+1)' \\
&= \frac{1}{2}(x+1)^{-\frac{1}{2}} \times (x+1)'
\end{aligned}$$

となるけど，$\left(-\frac{1}{2}\right)$ 乗は $\frac{1}{2}$ 乗の逆数で，$\frac{1}{2}$ 乗することはルートをとることやから，

$$\begin{aligned}
&= \frac{1}{2} \times \frac{1}{(x+1)^{\frac{1}{2}}} \times \left((x)' + (1)'\right) \\
&= \frac{1}{2} \times \frac{1}{\sqrt{x+1}} \times (1+0) \\
&= \frac{1}{2\sqrt{x+1}}
\end{aligned}$$

となりました．すなわち

$$\left(\sqrt{x+1}\right)' = \frac{1}{2\sqrt{x+1}}.$$

そやから，

$$\begin{aligned}
y' &= (x\sqrt{x+1})' \\
&= (x)'\sqrt{x+1} + \left(\sqrt{x+1}\right)' \times x \\
&= 1 \times \sqrt{x+1} + \frac{1}{2\sqrt{x+1}} \times x \\
&= \sqrt{x+1} + \frac{x}{2\sqrt{x+1}}
\end{aligned}$$

で，できました．

和尚 ついでに通分しておこうか．

夏子 はーい．

$$y' = \sqrt{x+1} + \frac{x}{2\sqrt{x+1}}$$

$$= \frac{2(\sqrt{x+1})^2}{2\sqrt{x+1}} + \frac{x}{2\sqrt{x+1}}$$

$$= \frac{2(x+1)}{2\sqrt{x+1}} + \frac{x}{2\sqrt{x+1}}$$

$$= \frac{2x+2+x}{2\sqrt{x+1}}$$

$$= \frac{3x+2}{2\sqrt{x+1}}$$

となりました.

和尚　正解だ.

●例題 2 の答　$y' = \dfrac{3x+2}{2\sqrt{x+1}}$.

◉商の微分

和尚　積の微分のつぎは「商の微分」だ．もえの微分だ．
もえ　は？
和尚　商学部だから．
もえ　ツマラナイ！
和尚　なんだ？
もえ　いえ．ひとりごとです．
和尚　商の微分はちょっとややこしいぞ．
もえ　やだなあ．ややこしいのは苦手です．
和尚　微分経にはこう書かれている．

　商の微分は，分子を微分して分母をかけたものから分母を微分して分子をかけたものを引き，それを分母の 2 乗で割ったものになる．

もえ　なるほどヤヤコシイ！

和尚　記号で書くと
$$\left(\frac{u}{v}\right)' = \frac{u'v - v'u}{v^2} \qquad (ただし\ v \neq 0)$$
という公式になる.

夏子　商の微分の公式，暗記せんとあかんのですか？

和尚　微分経の文章の方がおぼえやすいだろう.

商の微分の公式は，積の微分からみちびくことができる．実際,
$$\frac{u}{v} = u \times \left(\frac{1}{v}\right) = uv^{-1}$$
となって，u と v^{-1} という 2 つの関数の積になるから,
$$\left(\frac{u}{v}\right)' = (uv^{-1})'$$
$$= u'v^{-1} + (v^{-1})'u$$
となることがわかる．ここで $(v^{-1})'$ には合成関数の微分を適用する．すなわち，v^{-1} をまず v で微分して

　　　　(オドロキ)　　　　-1
　　　　(モモノキ)　　　　$(-1)v$
　　　　(サンショーノキ)　$(-1)v^{-1-1}$

となるから，これに v' をかければよい.

夏子　ちょっ，ちょと待ってください！　なにやら頭が混乱してきました．

和尚　u も v もともに x の関数で，$(\ )'$ というのは x で微分することだ，と考えてごらん.

夏子　そっかそっか．それで合成関数の微分になるんですね.

和尚　したがって $(v^{-1})'$ は,
$$(v^{-1})' = (-1)v^{-1-1} \times v'$$
$$= (-1)v^{-2} \times v'$$
$$= (-1) \times \frac{1}{v^2} \times v'$$
$$= \frac{-v'}{v^2}$$
となるから,
$$\left(\frac{u}{v}\right)' = (uv^{-1})'$$
$$= u'v^{-1} + (v^{-1})' \times u$$

$$= u' \times \frac{1}{v} + \left(\frac{-v'}{v^2}\right) \times u$$

$$= \frac{u'v}{v^2} - \frac{v'u}{v^2}$$

$$= \frac{u'v - v'u}{v^2},$$

すなわち

$$\left(\frac{u}{v}\right)' = \frac{u'v - v'u}{v^2}.$$

商の微分の公式が出てくる．

夏子 なーるほど．

もえ 式で書くより，微分経の文章の方がおぼえやすいですね．

●例題 3.　次の関数を微分せよ．

$$y = \frac{x-2}{3x-4}$$

和尚 どうかなー？

もえ 微分経を頼りにやってみまーす．分子が $x-2$ で分母が $3x-4$ でしょ．てことは，

$$y' = \frac{(x-2)'(3x-4) - (3x-4)'(x-2)}{(3x-4)^2}$$

となるわけよね．

夏子 ふんふん．

もえ 分子の微分の計算は

$$(x-2)' = (x)' - (2)' = 1 - 0 = 1,$$
$$(3x-4)' = (3x)' - (4)' = 3(x)' - 0 = 3 \times 1 = 3$$

だから，

$$y' = \frac{(x-2)'(3x-4) - (3x-4)'(x-2)}{(3x-4)^2}$$
$$= \frac{1 \times (3x-4) - 3 \times (x-2)}{(3x-4)^2}$$

$$= \frac{3x-4-3x+6}{(3x-4)^2}$$
$$= \frac{2}{(3x-4)^2}$$

と求まりました．

和尚 正解だ．

もえ なあんだ．かんたんじゃん！

夏子 微分経があれば，ね．

●例題 3 の答　$y' = \dfrac{2}{(3x-4)^2}.$

和尚 もうちょっと複雑なケースをやってみよう．

●例題 4．次の関数を微分せよ．
$$y = \frac{3x^2-2}{2x^2+1}.$$

和尚 どうかなー？

夏子 あたしがやってみます．分子を微分して分母をかけたものから分母を微分して分子をかけたものを引いて，全体を分母の 2 乗でわりますから，
$$y' = \frac{(3x^2-2)'(2x^2+1) - (2x^2+1)'(3x^2-2)}{(2x^2+1)^2}$$
$$= \frac{6x(2x^2+1) - 4x(3x^2-2)}{(2x^2+1)^2}$$
$$= \frac{12x^3+6x-12x^3+8x}{(2x^2+1)^2}$$
$$= \frac{14x}{(2x^2+1)^2}$$

で，できました．

和尚 正解だ．

もえ いやあ，商の微分公式って，使えるなあ．

●例題 4 の答　$y' = \dfrac{14x}{(2x^2+1)^2}$.

和尚　宿題を出しておこう．

●宿題 3

次の関数を微分せよ．

（1）$y = x\sqrt{2x+1}$.　　　（2）$y = \dfrac{3x-2}{x^2+1}$.

（3）$y = \dfrac{x^2-2x-2}{x^2+x+1}$.

和尚　宿題の (3) は見おぼえがあるだろう．
もえ　3日前に出された例題と同じだ！
夏子　あんなに難しそうに見えたのに・・・
もえ　なんだかできそうな気がする．
和尚　きのうと今日の 2 日間でずいぶん進歩したものだ．この調子この調子．
　　　銚子のはずれは犬吠埼．
夏子　どうもありがとうございます．
もえ　あのー・・・
和尚　なんだね？
もえ　和尚さまにお訊きしたいことがあるんですけど．
和尚　あらたまって，なんだね？
もえ　和尚さまって，おいくつなんですか？
和尚　おいくつ？　ワシの年齢を知りたいのか？
もえ　はい．
和尚　それは秘密です．
夏子　えー，そんなー！　なんでですか？
和尚　そーゆー修行のさまたげになること，きいちゃダメ！
夏子　和尚さまのこと，もっと知りたいです．

もえ　なんにも知らないより，修行の助けになると思いますけど．

和尚　しょーがないなー．それでは少し，身の上話をしておくか．

もえ　ぜひきかせて下さい．

和尚　ワシは学生のころ，数学の研究者になることしか考えていなかった．モーレツに勉強して数学科から大学院に進み，学位を取って，ある国立大学で数学科の教官になった．

夏子　大学の先生をしてらっしゃったんですか？

もえ　それがまたどうしてお寺に？

和尚　大学の教官になったとき，ワシは「研究以外はすべて雑用」だと本気で思っていた．数学というのは学生が自分で勉強するもの．そうしないと身につかん．だから教官があれこれ指示するものではない．質問があれば助言はするが，あとは学生に好きなようにやらせておけばよい．授業も雑用．アドリブで形だけやっておけば十分．そう考えていた．

もえ　ずいぶんいい加減ですねえ．学生は高い授業料を払ってるのに．

和尚　ところが実際に学生と接してみると，想像していたのとは全然違っていた．まず驚いたのが，論理というものがまったくわかっていない，ということだ．基礎的な学力低下のひどさに愕然としてしまった．これが本当に大学生なのか，と．

もえ　なんだか耳が痛いわ．

和尚　だから授業にも力を入れて，学生と本気で向き合うようにした．そのうちに，学力低下よりももっと深刻な問題があることに気付いた．

夏子　なんですか，それ？

和尚　学生の心が病んできている，ということだ．全部の学生ではないよ．かなり多くの学生の精神的な世界がどんどん小さくなっている．自分のまわりに見えないバリヤーを作って，他人を中に入れない．また自分も外に出ない．大学で友人を作れない．一見まわりの学生たちと仲良くしているように錯覚するが，じつは単に「演じている」にすぎない．ケータイの普及がさらに事態を悪化させている．クラスの友人のメールアドレスは知っていても住所は知らない．どこに住んでいるのかもわからない．

夏子　それって当たり前かと思ってましたけど，異常なんですか？

和尚　学生はホンネでは「親友がほしい」と強烈に思っているのに，実際は何もできない．そのうちにクラスコンパもやりたがらなくなってしまった．信じられないことだ．

もえ　そういえば，ウチのクラスもクラコンまだやってないなあ．

和尚　「研究以外はすべて雑用」などとのんきなことを言っていられる状態ではないことはわかったが，本気で学生の相手をしていると研究の時間を取られてしまい，アセるばかりで何もできない．思い悩んだが，学生を犠牲にしてまで大学から給料を貰うのはおかしいと考えて，大学をやめることにした．

もえ　ホントですか？

和尚　学生のころから仏教には強い関心をもっていた．そこで仏門に入って修行を重ね，縁あって当寺の住職になった．寺にいても数学の研究はできる．急な法事のある時を除いて，毎日1時から6時までを数学の時間とさせてもらっている．今はインターネットで世界中の研究者がつながっているから，大学にいた時よりも研究環境はずっと良くなったぞ．

もえ　へーえ．そんなことがあったの．

和尚　こらこら．修行中なのにそんなことで感心してちゃ困る．明日までにちゃんと宿題をやってきなさい．

夏子　はーい．ありがとうございました．それじゃ，失礼します．

もえ　失礼しまーす．

和尚　バイビー．

●第四話

導関数(1)

●宿題 3 の答

(1) $y' = \dfrac{3x+1}{\sqrt{2x+1}}$.

(2) $y' = \dfrac{-3x^2+4x+3}{(x^2+1)^2}$.

(3) $y' = \dfrac{3x^2+6x}{(x^2+x+1)^2}$.

夏子 (3) ですけど，分子を因数分解して
$$y' = \frac{3x(x+2)}{(x^2+x+1)^2}$$
としてもええんですか？

和尚 もちろん．答の書き方は一通りではないよ．

夏子 あーよかった．

もえ ノーミスでした．微分経さまさまです．

● 導関数

和尚 修行の一番最初のところで，「微分する」とは導関数を求めることだと説明した．

もえ　導関数のことを単に「微分」と言うこともあるんですよね．
和尚　導関数の「定義」をまだ説明していない．
夏子　そうなんです．微分の計算ができるようになるのはうれしいんですけど，そもそもなにを計算しているのかわからなくて，不思議な気分でした．
和尚　微分経にはこう書かれている．

> ある関数の導関数とは，関数の増分を変数の増分で割り，分母を限りなく 0 に近づけたときの極限値で表される関数のことである．

もえ　高 2 のときに習ったはずだけど，なんのことやらチンプンカンプンで，ぜーんぜんわかんなかった！
夏子　「増分」て何ですか？
和尚　値がどれだけ変化するか，ということだ．増分といってもいつでもプラスとは限らない．マイナスになることもあるので要注意だ．
　　　関数 x^2 を例にとって説明しよう．変数の値が x から X に変わるとき，変数の増分は
$$X - x$$
となる．関数の値は x^2 から X^2 に変わるから，関数の増分は
$$X^2 - x^2$$
となる．
夏子　X が x より小さいときは，変数の増分がマイナスになるわけですね．
和尚　その通りだ．
　　　関数の増分を変数の増分で割ると
$$\frac{\text{関数の増分}}{\text{変数の増分}} = \frac{X^2 - x^2}{X - x}$$
となる．ここで分母を限りなく 0 に近づける．すなわち，x を固定して X を x に限りなく近づけるのだ（ただし $X \neq x$ とする）．
　　　分子が因数分解できて

$$X^2 - x^2 = (X - x)(X + x)$$

となるから，

$$\frac{\text{関数の増分}}{\text{変数の増分}} = \frac{X^2 - x^2}{X - x}$$
$$= \frac{(X - x)(X + x)}{X - x}$$
$$= X + x.$$

x を固定して X を x に近づけると，

$$X + x \longrightarrow x + x = 2x$$

となるから，

$$\left(\frac{\text{関数の増分}}{\text{変数の増分}}\right) \text{の極限値} = 2x$$

であることがわかった．すなわち，

$$(x^2)' = 2x$$

となったわけだ．

夏子　なるほど．

和尚　わかったかなー？

もえ　いやあ難しい．全然ピンときません．

和尚　気にするな．そのうち慣れる．

関数 x の場合を考えてみよう．変数の値が x から X に変わるとき，変数の増分も関数の増分も $X - x$ だから

$$\frac{\text{関数の増分}}{\text{変数の増分}} = \frac{X - x}{X - x} = 1$$

となるだろ．これは定数だから，分母を限りなく 0 に近づけたときの極限値は 1 になる．すなわち，

$$(x)' = 1$$

ということがわかる．

もえ　これはなんとなくわかります．

和尚　次に，定数の微分を考えよう．c を定数として，これを一つの関数と考えると，関数の値はいつでも c で変わらないから

$$関数の増分 = c - c = 0$$

になる．だから

$$\frac{関数の増分}{変数の増分} = 0$$

で，極限値をとっても 0 だから，

$$(c)' = 0$$

ということがわかる．

もえ 微分経の教えが正しいことが次々とわかってきましたね．

●**例題 1.** 導関数の定義にしたがって，関数 x^3 を微分せよ．

和尚 どうかな？

夏子 あんまり自信ないけど，

$$a^3 - b^3 = (a-b)(a^2 + ab + b^2)$$

という公式を使うんとちがいます？

もえ なにそれ？

夏子 えーと．変数の値が x から X に変わるとき，変数の増分は

$$X - x$$

で，関数の増分は

$$X^3 - x^3$$

やから，

$$\begin{aligned}\frac{関数の増分}{変数の増分} &= \frac{X^3 - x^3}{X - x} \\ &= \frac{(X-x)(X^2 + Xx + x^2)}{X - x} \\ &= X^2 + Xx + x^2\end{aligned}$$

となるでしょ．

もえ すごーい！

夏子　ここで x を固定して X を x に近づけると
$$X^2 + Xx + x^2 \longrightarrow x^2 + x \times x + x^2 = 3x^2$$
となるから，
$$\left(\frac{関数の増分}{変数の増分}\right) の極限値 = 3x^2$$
となりました．すなわち，
$$(x^3)' = 3x^2.$$

和尚　正解だ．

もえ　微分経は正しかった！

●例題 1 の答　$(x^3)' = 3x^2.$

●例題 2.　導関数の定義にしたがって，関数 $\dfrac{1}{x}$ を微分せよ．

もえ　よし，やってみよう！　変数の値が x から X に変わるとき，変数の増分は
$$X - x$$
で，関数の増分は
$$\frac{1}{X} - \frac{1}{x} = \frac{x - X}{Xx}$$
だから，
$$\frac{関数の増分}{変数の増分} = \frac{1}{X - x} \times \frac{x - X}{Xx}$$
$$= \frac{-1}{Xx}$$
となるでしょ．ここで x を固定して X を x に近づけると
$$\frac{-1}{Xx} \longrightarrow \frac{-1}{x \times x} = \frac{-1}{x^2}$$
だから，
$$\left(\frac{関数の増分}{変数の増分}\right) の極限値 = \frac{-1}{x^2}.$$

すなわち,
$$\left(\frac{1}{x}\right)' = \frac{-1}{x^2} = -\frac{1}{x^2}$$
で,できました.

和尚　正解だ.

もえ　なあんだ.かんたんじゃん.

和尚　すぐ忘れるから油断するなよ.

●例題 2 の答　$\left(\dfrac{1}{x}\right)' = -\dfrac{1}{x^2}$.

●例題 3.　導関数の定義にしたがって,関数 $\dfrac{1}{t^2}$ を微分せよ.

夏子　あれ？　変数が x じゃない.

和尚　ちょっとイジワルをしてみたのさ.

もえ　なーにへなちょこが！　そんなことではたじろぎませんよ.江戸っ子ですからね.変数の値が t から T に変わるとき,変数の増分は
$$T - t$$
で,関数の増分は
$$\frac{1}{T^2} - \frac{1}{t^2} = \frac{t^2 - T^2}{T^2 t^2} = \frac{(t-T)(t+T)}{T^2 t^2}$$
だから,
$$\frac{\text{関数の増分}}{\text{変数の増分}} = \frac{1}{T-t} \times \frac{(t-T)(t+T)}{T^2 t^2}$$
$$= \frac{-(t+T)}{T^2 t^2}.$$
ここで t を固定して T を t に近づけると,
$$\frac{-(t+T)}{T^2 t^2} \longrightarrow \frac{-(t+t)}{t^2 t^2} = \frac{-2t}{t^4} = \frac{-2}{t^3}$$
なので,
$$\left(\frac{\text{関数の増分}}{\text{変数の増分}}\right) \text{の極限値} = \frac{-2}{t^3}$$

となるでしょ．したがって
$$\left(\frac{1}{t^2}\right)' = \frac{-2}{t^3} = -\frac{2}{t^3}$$
で，できました．

和尚　正解だ．

夏子　さすが江戸っ子やね．

●例題 3 の答　$\left(\dfrac{1}{t^2}\right)' = -\dfrac{2}{t^3}$．

●例題 4.　導関数の定義にしたがって，関数 $\sqrt{x}$ を微分せよ．

もえ　今までと同じようにやればできるんでしょ．えーと，変数の値が x から X に変わるとき，変数の増分は
$$X - x$$
で関数の増分は
$$\sqrt{X} - \sqrt{x}$$
だから，
$$\frac{\text{関数の増分}}{\text{変数の増分}} = \frac{\sqrt{X} - \sqrt{x}}{X - x}$$
となって，あれ？　今までとちがうなあ．

和尚　どうした？

もえ　極限値がわからない．

夏子　これって，「分子の有理化」とちゃう？

もえ　何それ？

夏子　よくわからへんけど，そういうテクニックがあるのよ．分母分子に
$$\sqrt{X} + \sqrt{x}$$
をかけるでしょ．そうすると
$$(\sqrt{X} - \sqrt{x})(\sqrt{X} + \sqrt{x}) = (\sqrt{X})^2 - (\sqrt{x})^2$$

$$= X - x$$

となるから，分母の $X-x$ が消えるじゃない？

もえ そっかそっか．
$$\frac{\sqrt{X} - \sqrt{x}}{X - x} = \frac{(\sqrt{X} - \sqrt{x})(\sqrt{X} + \sqrt{x})}{(X - x)(\sqrt{X} + \sqrt{x})}$$
$$= \frac{X - x}{(X - x)(\sqrt{X} + \sqrt{x})}$$
$$= \frac{1}{\sqrt{X} + \sqrt{x}}$$

となるんだ！ ここで x を固定して X を x に近づけると
$$\frac{1}{\sqrt{X} + \sqrt{x}} \longrightarrow \frac{1}{\sqrt{x} + \sqrt{x}} = \frac{1}{2\sqrt{x}}.$$

となるから，
$$\left(\frac{\text{関数の増分}}{\text{変数の増分}}\right) \text{の極限値} = \frac{1}{2\sqrt{x}}.$$

すなわち，
$$(\sqrt{x})' = \frac{1}{2\sqrt{x}}.$$

できました！

和尚 正解だ．

●例題 4 の答 $(\sqrt{x})' = \dfrac{1}{2\sqrt{x}}.$

夏子 どうも今一つピンとこないんですけど．

和尚 何が？

夏子 変数の値が x から X に変わるんですよね．それがあとで X を x に近づけるってことは，X は x から出発してまた x に戻るってことですか？

和尚 ウーン．x と X が両方出てきてややこしいかもしれないなあ．そもそも x というのは数直線 (x 軸) の上に固定された点，定点と考える．

$$\begin{array}{c} X \longrightarrow \quad \longleftarrow X \\ \hline \bullet \quad \bullet \quad \bullet \\ x \end{array}$$

一方 X は，数直線 (x 軸) の上で点 x の近くを動く点，動点と考える (ただし $X \neq x$ とする)．この x と X に対して

$$\frac{関数の増分}{変数の増分}$$

を考え，動点 X を限りなく定点 x に近づけて極限値を求めるわけだ．

夏子 それってどういう意味があるんですか？

和尚 導関数の意味については明日説明する．今日は定義だけにしておこう．今日の宿題は帰ってすぐやれば簡単かもしれないが，時間がたつにつれてだんだん難しくなりそうだ．

●宿題 4

導関数の定義にしたがって，次の関数を微分せよ．

(1) x^4 (2) $\dfrac{1}{x^3}$ (3) $\sqrt{x^2+1}$

● 第五話

導関数(2)

●宿題 4 の答　（1）公式
$$a^4 - b^4 = (a-b)(a^3 + a^2 b + a b^2 + b^3)$$
を用いる．変数の値が x から X に変わるとき，変数の増分は $X - x$, 関数の増分は $X^4 - x^4$ だから，

$$\frac{\text{関数の増分}}{\text{変数の増分}} = \frac{X^4 - x^4}{X - x}$$
$$= \frac{(X-x)(X^3 + X^2 x + X x^2 + x^3)}{X - x}$$
$$= X^3 + X^2 x + X x^2 + x^3.$$

ここで x を固定して X を x に近づけると

$$X^3 + X^2 x + X x^2 + x^3 \longrightarrow x^3 + x^2 \cdot x + x \cdot x^2 + x^3 = 4x^3.$$

したがって，

$$(x^4)' = \left(\frac{\text{関数の増分}}{\text{変数の増分}}\right) \text{の極限値} = 4x^3.$$

（2）変数の値が x から X に変わるとき，変数の増分は $X - x$, 関数の増分は

$$\frac{1}{X^3} - \frac{1}{x^3} = \frac{x^3 - X^3}{X^3 x^3} = \frac{(x-X)(x^2 + xX + X^2)}{X^3 x^3}$$

となるから，

$$\frac{\text{関数の増分}}{\text{変数の増分}} = \frac{1}{X-x} \cdot \frac{(x-X)(x^2 + xX + X^2)}{X^3 x^3}$$

$$= \frac{-(x^2 + xX + X^2)}{X^3 x^3}.$$

ここで x を固定して X を x に近づけると

$$\frac{-(x^2 + xX + X^2)}{X^3 x^3} \quad \to \quad \frac{-(x^2 + x \cdot x + x^2)}{x^3 \cdot x^3}$$

$$= \frac{-3x^2}{x^6} = \frac{-3}{x^4}.$$

したがって，

$$\left(\frac{1}{x^3}\right)' = \left(\frac{\text{関数の増分}}{\text{変数の増分}}\right) \text{の極限値} = -\frac{3}{x^4}.$$

(3) 変数の値が x から X に変わるとき，変数の増分は $X - x$，関数の増分は

$$\sqrt{X^2 + 1} - \sqrt{x^2 + 1} = \frac{(\sqrt{X^2 + 1} - \sqrt{x^2 + 1})(\sqrt{X^2 + 1} + \sqrt{x^2 + 1})}{\sqrt{X^2 + 1} + \sqrt{x^2 + 1}}$$

$$= \frac{X^2 + 1 - (x^2 + 1)}{\sqrt{X^2 + 1} + \sqrt{x^2 + 1}}$$

$$= \frac{X^2 - x^2}{\sqrt{X^2 + 1} + \sqrt{x^2 + 1}}$$

$$= \frac{(X-x)(X+x)}{\sqrt{X^2 + 1} + \sqrt{x^2 + 1}}$$

となるから，

$$\frac{\text{関数の増分}}{\text{変数の増分}} = \frac{1}{X-x} \cdot \frac{(X-x)(X+x)}{\sqrt{X^2 + 1} + \sqrt{x^2 + 1}}$$

$$= \frac{X+x}{\sqrt{X^2 + 1} + \sqrt{x^2 + 1}}.$$

ここで x を固定して X を x に近づけると

$$\frac{X+x}{\sqrt{X^2 + 1} + \sqrt{x^2 + 1}} \quad \to \quad \frac{x+x}{\sqrt{x^2 + 1} + \sqrt{x^2 + 1}}$$

$$= \frac{2x}{2\sqrt{x^2 + 1}} = \frac{x}{\sqrt{x^2 + 1}}.$$

したがって，

$$\left(\sqrt{x^2+1}\right)' = \left(\frac{\text{関数の増分}}{\text{変数の増分}}\right) \text{の極限値} = \frac{x}{\sqrt{x^2+1}}.$$

和尚　宿題どうだった？

夏子　いやあ難しかったです．答は合ってましたけど，えらい苦労しました．

もえ　同感．微分経の有難みをあらためて感じました．

● 関数を表す記号

和尚　数学が苦手となる原因の一つに「記号にまどわされる」というのがある．記号の意味や使い方がわからず，いったん暗記してもすぐ忘れてしまう．

もえ　あたしはまさにそれです．「数学記号アレルギー」です．

夏子　なにそれ？

もえ　数学記号を見るだけで拒否反応が出ちゃうの．なんで普通の言葉，一般人が理解できる言葉を使わないんだろう．

和尚　たしかに，やたら記号を連発するのは考えものだ．うっかりすると「オタクの世界」になって一般人を遠ざけてしまう．しかし数学記号の中でも微積分の記号は，長い歴史の中で洗練され，とても便利なものが多いのだ．これを使わない手はない．

もえ　そうですか？　　やだなあ．

和尚　まず，x を変数とする関数を表すのに

$$f(x), \quad g(x), \quad F(x), \quad \cdots$$

などの記号を用いる．

もえ　さっそく出た！　あたしの苦手な $f(x)$ だ．なんで「x の関数」じゃダメなんですか？

和尚　いろいろ便利なことがあるのさ．例題をやってみよう．

●例題 1. $f(x) = x^2 + x + 1$ とするとき，次の (1), (2), (3) を求めよ．

（1）$f(0)$ 　　（2）$f(-\sqrt{2})$ 　　（3）$\dfrac{f(x+h) - f(x)}{h}$

もえ　(1) はわかります．$f(0)$ って，$f(x)$ の x のところに 0 を入れるってことでしょ？　てことは
$$f(0) = 0^2 + 0 + 1 = 1$$
だから，
$$f(0) = 1$$
ですよ．

和尚　わかってるじゃないか．(2) は？

もえ　同じように，$f(-\sqrt{2})$ ってのは $f(x)$ の x のところに $-\sqrt{2}$ を入れるんだから
$$\begin{aligned} f(-\sqrt{2}) &= (-\sqrt{2})^2 + (-\sqrt{2}) + 1 \\ &= 2 - \sqrt{2} + 1 \\ &= 3 - \sqrt{2} \end{aligned}$$
となりました．

和尚　できるじゃないか．(3) は？

もえ　ちょっと待って．$f(x+h)$ ってなんじゃいな？

夏子　$f(x)$ の x のところに，$x+h$ を入れたらあかんの？

もえ　てことは
$$f(x+h) = (x+h)^2 + (x+h) + 1$$
となるわけ？　でもさ．x に $x+h$ を代入するってことは
$$x = x+h$$
てことでしょ？　そしたら $h = 0$ になっちゃうよ．

夏子　あれ，ヘンだな．

和尚　なるほど．それで混乱するのか．それなら変数の文字を t に変えて
$$f(t) = t^2 + t + 1$$
としておいてから
$$t = x + h$$
を代入したらいい．

もえ　なんだかキモチわるいなあ．
$$f(x+h) = (x+h)^2 + (x+h) + 1$$
$$= x^2 + 2xh + h^2 + x + h + 1$$
てことか．これから
$$f(x) = x^2 + x + 1$$
を引くと
$$f(x+h) - f(x) = 2xh + h^2 + h$$
となるでしょ．これを h で割ると
$$\frac{f(x+h) - f(x)}{h} = 2x + h + 1$$
てことですか？

和尚　正解だ．

●例題1の答

（1）$f(0) = 1.$　　　　　（2）$f(-\sqrt{2}) = 3 - \sqrt{2}.$

（3）$\dfrac{f(x+h) - f(x)}{h} = 2x + h + 1.$

和尚　$f(x)$ の導関数，すなわち $(f(x))'$ を $f'(x)$ で表す．
$$f'(x) = (f(x))'$$

もえ　だんだんややこしくなってきた！　あたしはホントに「数学記号アレルギー」だわ．

和尚　気にしない気にしない．「慣れ」だよ「慣れ」．

●例題 2.　$f(x) = x^2 + x + 1$ とするとき，次の (1)，(2)，(3) を求めよ．

（1）$f'(0)$　　（2）$f'(-\sqrt{2})$　　（3）$\dfrac{f'(x+h) - f'(x)}{h}$

夏子　あれ？　ヘンだな．そもそも
$$f'(x) = \bigl(f(x)\bigr)'$$
と定義したんだから，この式に $x = 0$ を代入すると
$$f'(0) = \bigl(f(0)\bigr)' = 0$$
になりません？

和尚　それはちがう．左辺の $f'(x)$ に $x = 0$ を代入すると $f'(0)$ になるが，右辺の $\bigl(f(x)\bigr)'$ に $x = 0$ を代入するってことは，$\bigl(f(x)\bigr)'$ ていう x の関数に $x = 0$ を代入することだから，ただ x を 0 でおきかえて $\bigl(f(0)\bigr)'$ とはならない．

もえ　むずかしい！

夏子　そうすると，まず $f'(x)$ を計算するのかな．

もえ　$f'(x)$ はあたしでもわかるよ．
$$f(x) = x^2 + x + 1$$
を微分するんだから
$$f'(x) = (x^2)' + (x)' + (1)'$$
$$= 2x + 1 + 0$$
$$= 2x + 1$$
でしょ．すなわち
$$f'(x) = 2x + 1.$$

夏子　これに $x = 0,\ -\sqrt{2}$ を代入すると
$$f'(0) = 2 \times 0 + 1 = 1,$$
$$f'(-\sqrt{2}) = 2 \times (-\sqrt{2}) + 1 = 1 - 2\sqrt{2}.$$

もえ　そうすると (3) は
$$f'(x+h) = 2(x+h) + 1 = 2x + 2h + 1$$
だから，これから
$$f'(x) = 2x + 1$$
を引くと
$$f'(x+h) - f'(x) = 2h$$
となって，
$$\frac{f'(x+h) - f'(x)}{h} = 2$$
となるわけか.

和尚　正解だ.

●例題 2 の答

(1)　$f'(0) = 1$.　　　　(2)　$f'(-\sqrt{2}) = 1 - 2\sqrt{2}$.

(3)　$\dfrac{f'(x+h) - f'(x)}{h} = 2$.

和尚　$f(x)$ と $f'(x)$ という記号には少し慣れたかな？
もえ　青山です.
和尚　アオヤマ？
もえ　ボチボチです.
和尚　ツマラナイ・・・
もえ　なんですか？
和尚　いや，ひとりごとだ.

●関数のグラフ

和尚　$f(x)$ が変数 x の関数のとき，平面 (xy 平面) 上に $(x, f(x))$ という点をとる．x 座標が x，y 座標が $f(x)$ という点だ.

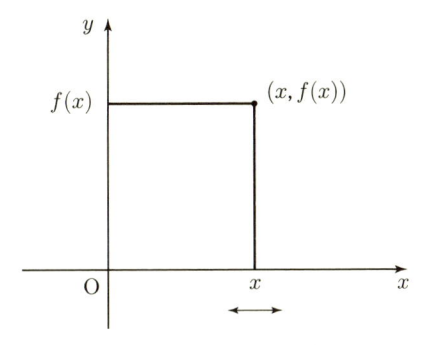

ここで x を $(x$ 軸上で$)$ 動かしてやると，点 $(x, f(x))$ も動いて，曲線のような図形をつくる．これを「関数 $f(x)$ のグラフ」という．

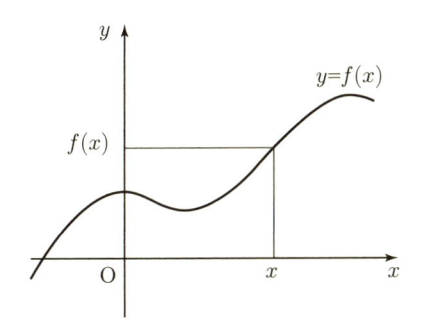

夏子 高校で習いました．$y = f(x)$ で表される図形のことですよね．

● 導関数と接線

和尚 導関数の定義はきのう説明した．関数 $f(x)$ の導関数 $f'(x)$ が何であるか，もう一度復習してみよう．変数の値が x から X に変わるとき，関数の値が

$$y = f(x) \quad \text{から} \quad Y = f(X)$$

に変わるとすると，

$$\text{変数の増分} = X - x,$$
$$\text{関数の増分} = Y - y = f(X) - f(x)$$

となる．

もえ えーと,「増分」てのは値がどれだけ変化したか, 差をとるんでしたね.

和尚 そう. $f(x)$ のグラフを書いて, 考えてみよう.

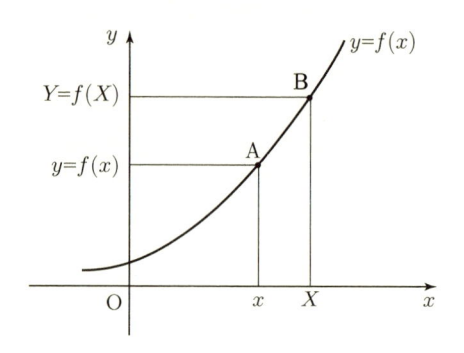

和尚 ここで

$$\frac{\text{関数の増分}}{\text{変数の増分}} = \frac{Y - y}{X - x} = \frac{f(X) - f(x)}{X - x}$$

となる. これは図の2点

$$A(x, y) \quad \text{と} \quad B(X, Y)$$

を結ぶ直線の「傾き」になっている.

夏子 なるほど.

和尚 ここで x を固定しておいて X を x に近づけていくと, 導関数の定義から

$$\frac{\text{関数の増分}}{\text{変数の増分}} \longrightarrow f'(x)$$

となるが, 一方点 B が点 A に近づいていくから直線 AB は点 A における曲線 $y = f(x)$ の接線に近づいていく. これは X が x の左側にあっても ($X < x$ であっても) 同じことだ. したがって次のことがわかる.

導関数 $f'(x)$ の値は, 点 $(x, f(x))$ において曲線 $y = f(x)$ に引いた接線の傾きに等しい.

もえ これが微分の意味かあ. ムズカシイなあ.

和尚 ここで「曲線」と言ったが, 直線も曲線の特別な場合と考えている.

夏子　質問があるんですけど，$f'(x)$ は極限値で定義されてますよね．

和尚　そう．

夏子　そうすると，極限値が存在しない場合もあるんですか？

和尚　その通り．そういう時は微分ができないのだ．ただし，微積に登場する通常の関数は，へんてこな場合を除いてみな微分できるものばかりだ．だからこの「修行」ではいちいち「$f(x)$ は微分可能とする」と断らないことにする．専門家はとかく厳密性にこだわりすぎて，やたら「マクラコトバ」が多くなって初心者に余計なストレスを与えてしまう．最初はもっと大らかに，楽しく学んだらいい．一通り勉強して自信がついたら，もう一度最初からやり直して，今度は厳密な理論をしっかり学ぶ．それで初めて「わかる」ようになるのだ．微分可能とか連続とか，そういう話は「上級者」のテーマだから，初めて微分を学ぶときは意識的に避けた方がいいのではないかとワシは考えている．

もえ　わかりますわかります！　大学の微積の授業はホントに「マクラコトバ」と意味不明な記号・用語のオンパレードで，チンプンカンプンでストレスがたまる一方です．

和尚　微分経にはこう書かれている．

　　導関数は，接線の傾きを表す．

もえ　簡潔だ．すばらしい！

●関数の増減

和尚　微分経には続けてこう書かれている．

　　導関数の値が正ならば，もとの関数は増加の状態にある．
　　導関数の値が負ならば，もとの関数は減少の状態にある．

和尚　増加・減少というのは，x が小さいほうから大きい方へ，すなわち x 軸の上を左から右へ動いたときの関数の値の増加・減少を意味している．$f'(x) > 0$ のときは，接線の傾きが正だからグラフが x の近くでは「右上がり」になる．

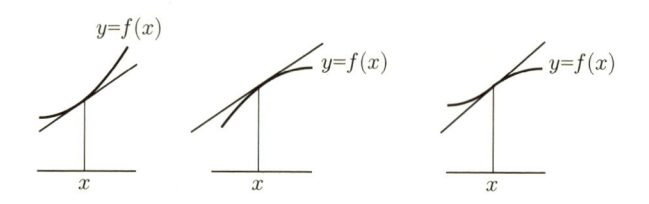

和尚　$f'(x) < 0$ のときは，接線の傾きが負だからグラフが x の近くでは「右下がり」になる．

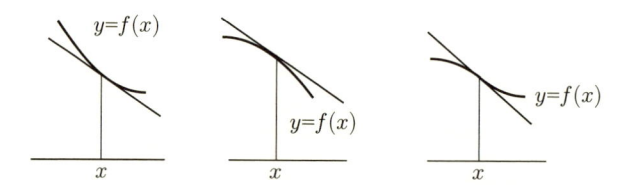

和尚　もちろん x が動けば接線も動くから，その傾きである $f'(x)$ の値も変わっていく．

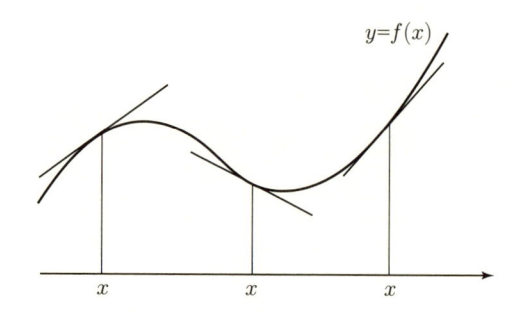

● 第 2 次導関数

和尚　導関数 $f'(x)$ をもう 1 回 x で微分したものを $f(x)$ の「第 2 次導関数」といい，$f''(x)$ で表す．すなわち

$$f''(x) = \bigl(f'(x)\bigr)'.$$

もえ また記号が出てきた！　やだなあ.

●**例題 3.**　$f(x) = x^2 + x + 1$ とするとき，次の (1)，(2)，(3) を求めよ.

（1）　$f''(0)$　　　（2）　$f''(-\sqrt{2})$　　　（3）　$\dfrac{f''(x+h) - f''(x)}{h}$

夏子　これって，やっぱり $f''(x)$ を先に計算して，それから x に値を代入しなさいってことなのよ，きっと.

もえ　てことは

$$f(x) = x^2 + x + 1$$

を微分して

$$f'(x) = (x^2 + x + 1)' = 2x + 1.$$

もう 1 回微分して

$$f''(x) = (2x + 1)' = 2.$$

あれ？　定数になっちゃった.

夏子　定数は何を代入しても変わらへんから，

$$f''(0) = 2, \qquad f''(-\sqrt{2}) = 2.$$

もえ　なるほど．そうすると

$$\frac{f''(x+h) - f''(x)}{h} = \frac{2-2}{h} = 0$$

となるわけか.

和尚　正解だ.

●**例題 3 の答**

（1）　$f''(0) = 2.$　　　　　（2）　$f''(-\sqrt{2}) = 2.$

（3）　$\dfrac{f''(x+h) - f''(x)}{h} = 0.$

● 関数の凹凸

和尚　第2次導関数の符号に関して，微分経にはこう書かれている．

第2次導関数の値が正ならば，もとの関数は下に凸．

第2次導関数の値が負ならば，もとの関数は上に凸．

もえ　なんですか，それ？

和尚　これはちょっとややこしいぞ．
　　　まず $f''(x) > 0$ であるとする．$f''(x)$ は $f'(x)$ の導関数だから
$$(f'(x))' > 0.$$
したがって $f'(x)$ は x の近くでは増加の状態にある．$f'(x)$ は接線の傾きを表しているから，これが増加の状態にあるということは，接線が図のようになってるということだ．

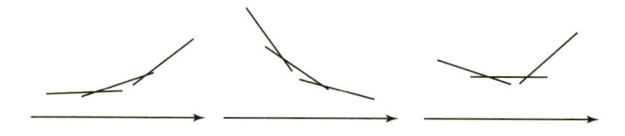

和尚　つまり，グラフが下に出っぱっている．「下に凸」なのだ．

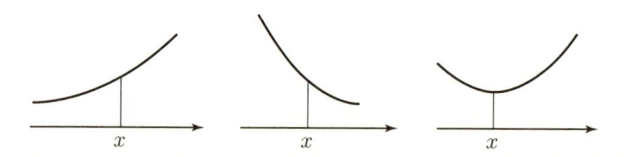

夏子　なるほど．

和尚　次に $f''(x) < 0$ であるとする．今度は $f'(x)$ が x の近くで減少の状態にある．$f'(x)$ は接線の傾きを表すから，これが減少の状態にあるということは，

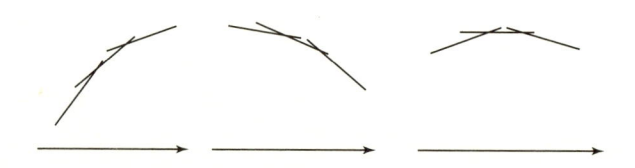

和尚　グラフが上に出っぱっている.「上に凸」だ.

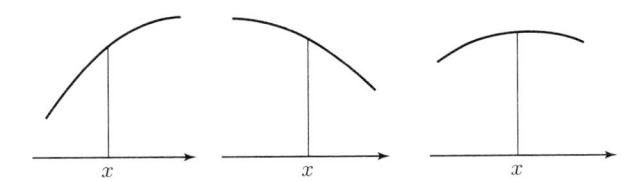

もえ　なんとなく理解しました.
和尚　明日になれば忘れるか？
もえ　その通りです！

●極大と極小
和尚　関数がある点の前後で増加から減少に転ずるとき，その点で「極大」になるといい，その点の関数値を「極大値」という.
　　　関数がある点の前後で減少から増加に転ずるとき，その点で「極小」になるといい，その点の関数値を「極小値」という.
もえ　イメージが今一つわかないなあ.
和尚　微分経にはこう書かれている.

　　極大は山の上，極小は谷の底.

和尚　グラフをイメージするといい.

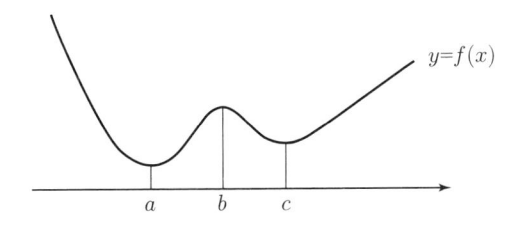

和尚　上の図の場合，$f(x)$ は $x=a$ で極小になり (極小値は $f(a)$)，$x=b$ で極大になり (極大値は $f(b)$)，$x=c$ で極小になる (極小値は $f(c)$).

もえ　なるほど．さすがは微分経ですね！

和尚　極大または極小となる点では接線の傾きが (プラスでもマイナスでもないから) 0 だから，次のことがわかる．

$f(x)$ が点 $x = a$ で極大または極小となるならば $f'(a) = 0$.

和尚　さらに，接線の傾きと関数の凹凸を考えると次のことがわかる．

（1）　$f'(a) = 0$ かつ $f''(a) > 0$ ならば，$f(x)$ は $x = a$ で極小となる．
（2）　$f'(a) = 0$ かつ $f''(a) < 0$ ならば，$f(x)$ は $x = a$ で極大となる．

和尚　極大値と極小値を総称して「極値」という．
もえ　総称ですか？
和尚　そう．みんなで「そうしょうそうしょう」と言った．
もえ　ツマラナイ！
和尚　なんだ？
もえ　いえ，ひとりごとです．

●例題 4.　次の関数の極値を求めよ．
$$f(x) = x^3 - 3x$$

和尚　「極値を求める」ということは極大値と極小値を求めるということだ．値だけでなく，どの点で極大・極小となるかも明らかにすることを求めている．
夏子　グラフを書いて調べるんですか？
和尚　もちろんそれでもいいが，ここでは計算で求めてみよう．まず，極大または極小となる点 (「極値をとる点」という) では導関数の値が 0 になるから，
$$f'(x) = 0$$

となる点を先に求めておこう．それらの点が極値をとる点の「候補者」になる．

$$f(x) = x^3 - 3x$$

を微分すると

$$f'(x) = (x^3 - 3x)' = (x^3)' - (3x)'$$
$$= 3x^2 - 3(x)' = 3x^2 - 3 \times 1$$
$$= 3x^2 - 3 = 3(x^2 - 1)$$
$$= 3(x-1)(x+1)$$

となるから，

$$f'(x) = 0 \iff 3(x-1)(x+1) = 0$$
$$\iff (x-1)(x+1) = 0$$
$$\iff x-1 = 0 \text{ または } x+1 = 0$$
$$\iff x = 1 \text{ または } x = -1$$

となる．$\iff$ という記号のイミはわかるか？

夏子 $\iff$ の左と右が条件として同じだということですね？

和尚 そうだ．したがって

$$f'(x) = 0 \iff x = 1 \text{ または } x = -1.$$

導関数 $f'(x)$ の値が 0 になるのは $x = 1$ と $x = -1$ の 2 点だから，これらが極値をとる点の候補者になる．

夏子 まず候補者を限定するわけですね．

和尚 次に候補者のそれぞれについて，実際に極大・極小になっているかどうかを調べる．

$$f'(x) = 3x^2 - 3$$

だったから，もう一度微分して

$$f''(x) = 6x$$

となるから，

$$f''(1) = 6 \times 1 = 6 > 0.$$

したがって,
$$f'(1) = 0, \qquad f''(1) > 0$$
だから $x = 1$ で $f(x)$ は極小となる.
一方,
$$f''(-1) = 6 \times (-1) = -6 < 0$$
だから
$$f'(-1) = 0, \qquad f''(-1) < 0.$$
したがって $x = -1$ で $f(x)$ は極大となる.
極大値と極小値は $f(x)$ の式に $x = -1$ と $x = 1$ を代入して求めると
$$f(-1) = (-1)^3 - 3 \times (-1) = -1 + 3 = 2,$$
$$f(1) = 1^3 - 3 \times 1 = 1 - 3 = -2.$$
これで例題が解けたのだが,答の書き方は色々な流儀がある.ここでは簡単に,
$$f(-1) = 2 \text{ が極大値}, \quad f(1) = -2 \text{ が極小値}$$
としておこう.

●例題 4 の答　$f(-1) = 2$ が極大値,$f(1) = -2$ が極小値.

和尚　今日は盛り沢山だったから,宿題は少なくしておこう.

●宿題 5
次の関数の極値を求めよ.

（1）$f(x) = -x^3 + 3x^2 - 1.$ 　　（2）$f(x) = x^4 - 4x^3 + 4x^2.$

M ホテルのラウンジにて

夏子　いやあ今日は疲れた．

もえ　同感．「もりだくさん」ていうより「もうたくさん」て感じ．

夏子　今日の和尚さん，気合い入ってたなあ．目が輝いてた．

もえ　ホントに数学が好きなんだね．あたしとは大ちがい．でも今日の宿題ぜんぜんわかんないよ．どうしよう．

夏子　例題と同じようにやればいいのよ．まず $f'(x)$ と $f''(x)$ を計算するでしょ．次に $f'(x) = 0$ の解を求める．その解の一つ一つが極値を与える点の候補者．あとは $f''(x)$ の符号をしらべて判定する．$f''(x) > 0$ のときは極小，$f''(x) < 0$ のときは極大になるのよ．

もえ　すごーい！　夏子，ホントは数学できるんじゃないの？

夏子　ちゃうちゃう！　今日は和尚さんの「やる気」に乗せられてこっちも思わず気合いが入っただけ．

もえ　そうかあ．やっぱり先生の「やる気」って大切なんだな．商学部の微積の授業を思い出したよ．

夏子　前にも言うてたけど，先生がやる気ないんでしょ？

もえ　ぜんぜん．和尚さんとくらべたら，それこそ月とスッポンポン．なさけないよ，まったく．

夏子　何ていう先生？

もえ　理工学部の教授で，名前が「福沢英世」っていうの．

夏子　福沢英世？　お金がたくさんありそう！

もえ　でしょ？　だから最初は期待したのよ．面白い授業じゃないかって．そしたらテキストまるっきりボー読みでつまらないつまらない．あんな授業あたしでもできるよ．質問に行ってもまともに答えないし，いつのまにか生徒がつけたニックネームが「ヒデーヨ」．

夏子　ヒデーヨ？　いい名前！

もえ　良くないよ．「学生による授業評価」でボロクソに書いてやろうと思うけど，あれもパソコンに入力しなきゃなんないからメンドクサイのよね．第一ヒデーヨ本人がちゃんと読むかどうかもわかんないし，単位が

取れればあとは野となれ山となれ．どうなろうとあたしの知ったこっちゃないわ．
夏子 そんな．後輩たちのことも考えてあげなさい．
もえ そっか．じゃあ授業評価の自由記入欄に「いくらなんでもこの授業はヒデーヨ」って書いておこう．

● 第六話

偏微分

●宿題 5 の答　（ 1 ）　$f(0) = -1$ が極小値，$f(2) = 3$ が極大値．

（ 2 ）　$f(0) = f(2) = 0$ が極小値，$f(1) = 1$ が極大値．

和尚　宿題の (1) は
$$f(x) = -x^3 + 3x^2 - 1,$$
$$f'(x) = -3x^2 + 6x = -3x(x-2),$$
$$f''(x) = -6x + 6$$
から求められる．また (2) は
$$f(x) = x^4 - 4x^3 + 4x^2,$$
$$f'(x) = 4x^3 - 12x^2 + 8x = 4x(x-1)(x-2),$$
$$f''(x) = 12x^2 - 24x + 8$$
から求められる．

もえ　夏子に解き方を教えてもらって，両方とも正解でした．

● 微分を表す記号 $(\ )_x$

和尚 変数を表す文字は x だけではないので，$(\ )'$ ではまぎらわしいことがある．そこで変数を右下につけて

$$(\ )_x, \quad (\ )_t, \quad \cdots$$

のように表す記号法を用いることがある．$(\ )_x$ は，「変数 x で微分する」という意味だ．たとえば

$$(x^3+1)_x = 3x^2, \quad (t^3+1)_t = 3t^2, \quad (u^3+1)_u = 3u^2$$

となるのだが，今まで変数といえばずーっと x ばっかりだったから，最初はちょっとまごつくかもしれない．

もえ また記号が出てきましたね．でもこれはなんとか理解できそう．

● 偏微分

和尚 微分する関数に複数の変数がふくまれているとき，記号

$$(\ )_x, \quad (\ )_y, \quad \cdots$$

は，「微分する変数 (カッコの右下に書いた変数) 以外の変数はすべて定数とみなして微分する」という意味だ．これを「偏微分する」といい，偏微分したものを「偏導関数」という．

もえ 大学の微積で出てきました．さっぱりわからなくて，ヘンな微分だから「変微分」かと思ってました．

和尚 簡単な例をあげよう．関数

$$x^5 y^{11}$$

を偏微分してみる．変数が x と y の 2 つだから，偏導関数も 2 つ出てくる．まず x で偏微分すると，x 以外のすべての変数——すなわち y を「定数」とみなして，x で微分すればよい．定数倍は微分の外に出せるから，

$$(x^5 y^{11})_x = (y^{11} x^5)_x = y^{11}(x^5)_x$$
$$= y^{11}(5x^4) = 5x^4 y^{11}$$

となるわけだ．

一方 x^5y^{11} を y で偏微分すると，y 以外のすべての変数——すなわち x を定数とみなして，y で微分すればよい．定数倍は微分の外に出せるから，
$$(x^5y^{11})_y = x^5(y^{11})_y = x^5(11y^{10}) = 11x^5y^{10}$$
となる．したがって
$$(x^5y^{11})_x = 5x^4y^{11}, \qquad (x^5y^{11})_y = 11x^5y^{10}.$$
この2つが偏導関数になる．

夏子　x と y が出てきてややこしいけど，めっちゃ難しい話ではなさそうですね．

もえ　「ヘンビブン」なんて大げさな名前のわりには大したことないよ．

和尚　慣れればカンタン，お茶の子さいさいだ．ただ慣れないと計算をまちがえることがあるから，油断しない方がいいぞ．

●例題 1.　次の関数を偏微分せよ．
$$z = -x^2 + 3xy - y^3 - 2.$$

和尚　変数が x と y の2つだから，偏導関数は z_x と z_y の2つ．この2つを計算で求めよ，という問題だ．

もえ　よっしゃ，やってみよう．まず z_x は，z を x で偏微分するんだから，x 以外のすべての変数，てことは y を定数とみなして z を x で微分すればいいんでしょ．
$$\begin{aligned} z_x &= (-x^2 + 3xy - y^3 - 2)_x \\ &= (-x^2)_x + (3xy)_x - (y^3)_x - (2)_x \\ &= -(x^2)_x + 3y(x)_x - 0 - 0 \\ &= -2x + 3y \times 1 \\ &= -2x + 3y. \end{aligned}$$
かんたんじゃん．

夏子 　z_y はあたしにやらせて．z_y は，z を y で偏微分するんだから，y 以外の変数である x を定数とみなして z を y で微分すると，

$$z_y = (-x^2 + 3xy - y^3 - 2)_y$$
$$= (-x^2)_y + (3xy)_y - (y^3)_y - (2)_y$$
$$= 0 + 3x(y)_y - 3y^2 - 0$$
$$= 3x - 3y^2$$

となります．したがって

$$z_x = -2x + 3y, \qquad z_y = 3x - 3y^2.$$

和尚 　正解だ．

●例題 1 の答　$z_x = -2x + 3y, \quad z_y = 3x - 3y^2.$

●例題 2． 　次の関数を偏微分せよ．
$$z = x^3 - 3x^2y + 5xy^2 - 2xy - x + 5y - 1.$$

和尚 　これはどうかな？
もえ 　こんなの式がただ長いだけでどーってことないですよ．一ぺんにやっちゃおう．

$$z_x = (x^3 - 3x^2y + 5xy^2 - 2xy - x + 5y - 1)_x$$
$$= (x^3)_x - (3x^2y)_x + (5xy^2)_x - (2xy)_x - (x)_x + (5y - 1)_x$$
$$= 3x^2 - 3(x^2)_x y + 5(x)_x y^2 - 2(x)_x y - 1 + 0$$
$$= 3x^2 - 3 \cdot 2x \cdot y + 5y^2 - 2y - 1$$
$$= 3x^2 - 6xy + 5y^2 - 2y - 1,$$
$$z_y = (x^3 - 3x^2y + 5xy^2 - 2xy - x + 5y - 1)_y$$
$$= (x^3)_y - (3x^2y)_y + (5xy^2)_y - (2xy)_y - (x)_y + (5y)_y - (1)_y$$
$$= 0 - 3x^2(y)_y + 5x(y^2)_y - 2x(y)_y - 0 + 5(y)_y - 0$$

$$= -3x^2 + 5x \cdot 2y - 2x + 5$$
$$= -3x^2 + 10xy - 2x + 5.$$

できましたよ．

和尚　正解だ．

もえ　エヘヘ．どんなもんだい．

和尚　これくらいでテングになるな．

●例題 2 の答　$z_x = 3x^2 - 6xy + 5y^2 - 2y - 1$,
$z_y = -3x^2 + 10xy - 2x + 5$.

●例題 3.　次の関数を偏微分せよ．
$$z = (x^2 - xy + y^2)^3.$$

和尚　今度はどうだ？　お茶の子さいさいか？

もえ　ムムム．なんだこりゃ．ちょと手ごわいぞ．まず z_x は
$$z_x = ((x^2 - xy + y^2)^3)_x$$
でしょ．あれ？　y を定数と考えて，それでどうなの？

夏子　合成関数の微分とちゃう？

もえ　合成関数の微分てなんだっけ？

夏子　「そのまた関数」を「ある関数」で微分して，それに「ある関数」を微分したものをかける．

もえ　思い出した！　$(x^2 - xy + y^2)^3$ を x で微分するんだから，カッコ（　）の中を「ある関数」と考えてそれで微分すると，オドロキ・モモノキ・サンショノキだから
$$3(x^2 - xy + y^2)^2$$
でしょ．これに「ある関数」を微分したものだから，
$$(x^2 - xy + y^2)_x$$

をかければいいのか．てことは
$$z_x = \left((x^2 - xy + y^2)^3\right)_x$$
$$= 3(x^2 - xy + y^2)^2 \times (x^2 - xy + y^2)_x$$
$$= 3(x^2 - xy + y^2)^2 \times (2x - y)$$
$$= 3(2x - y)(x^2 - xy + y^2)^2.$$

次に z_y は
$$z_y = \left((x^2 - xy + y^2)^3\right)_y$$

でしょ．x を定数とみなして y で微分するんだけど，やっぱり合成関数の微分かな．（ ）内を「ある関数」と考えて，
$$z_y = \left((x^2 - xy + y^2)^3\right)_y$$
$$= 3(x^2 - xy + y^2)^2 \times (x^2 - xy + y^2)_y$$
$$= 3(x^2 - xy + y^2)^2 \times (-x + 2y)$$
$$= 3(-x + 2y)(x^2 - xy + y^2)^2.$$

できました．

和尚 正解だ．

もえ やったー！　偏微分はマスターしたぞ．クラ友に自慢しちゃおー！

和尚 それほどのことではないが，まあ「快感」と「優越感」は数学アレルギーにとても効くらしいから，たまには自慢するのもいいだろう．

●例題 3 の答　$z_x = 3(2x - y)(x^2 - xy + y^2)^2$,
$z_y = 3(-x + 2y)(x^2 - xy + y^2)^2.$

●2 変数関数 $f(x, y)$

和尚 また記号が出てくるぞ．x と y を変数とする関数を表すのに
$$f(x, y), \quad g(x, y), \quad F(x, y), \quad \cdots$$
などの記号を用いる．変数が 2 つあるから「2 変数関数」という．

もえ またかあ．$f(x)$ だけでもキショクわるいのに，やだなあ．

和尚　まあそう言うな．大した記号じゃあない．ただ注意として，$f(1,2)$ と $f(2,1)$ とでは意味がちがうぞ．$f(1,2)$ というのは関数 $f(x,y)$ に $x=1$, $y=2$ を代入したものだ．一方 $f(2,1)$ というのは $f(x,y)$ に $x=2$, $y=1$ を代入したものだ．

●例題 4.　2 変数関数
$$f(x,y) = x^2 - xy - y^2$$
に対して次の (1), (2), (3) を求めよ．

(1)　$f(1,2)$　　　　(2)　$f(2,1)$　　　　(3)　$\dfrac{f(x,y+h) - f(x,y)}{h}$

和尚　記号に慣れるための例題だが，どうかな？
もえ　えーと，(1) は $f(1,2)$ だから，$x=1$, $y=2$ を代入して，
$$f(1,2) = 1^2 - 1 \times 2 - 2^2 = -5.$$
(2) は $f(2,1)$ だから，$x=2$, $y=1$ を代入して，
$$f(2,1) = 2^2 - 2 \times 1 - 1^2 = 1.$$
(3) は，うわーめんどくさ！

夏子　$f(x,y+h)$ ってなんですか？
和尚　$f(x,y)$ の x のところに x を，y のところに $y+h$ を入れたものだ．同じ x, y を使って気持悪ければ，文字を変えて
$$f(X,Y) = X^2 - XY - Y^2$$
のところに
$$X = x, \qquad Y = y+h$$
を代入したものと考えたらいい．

夏子　てことは，
$$f(x,y+h) = x^2 - x(y+h) - (y+h)^2$$
$$= x^2 - xy - xh - y^2 - 2yh - h^2$$

だから，これから
$$f(x,y) = x^2 - xy - y^2$$
を引くと，
$$f(x, y+h) - f(x, y) = -xh - 2yh - h^2.$$
これを h で割ると
$$\frac{f(x, y+h) - f(x, y)}{h} = -x - 2y - h$$
となりました．

和尚 正解だ．

●例題 4 の答

(1) $f(1,2) = -5$.　　　　　(2) $f(2,1) = 1$.

(3) $\dfrac{f(x, y+h) - f(x, y)}{h} = -x - 2y - h$.

和尚 $f(x, y)$ の偏導関数を f_x, f_y で表す．すなわち，
$$f_x = \bigl(f(x,y)\bigr)_x, \qquad f_y = \bigl(f(x,y)\bigr)_y.$$
偏導関数 f_x, f_y もそれぞれ x と y の 2 変数関数になる．その意味で
$$f_x = f_x(x, y), \qquad f_y = f_y(x, y)$$
と書くのだ．

●例題 5． 2 変数関数
$$f(x,y) = x^2 - xy - y^2$$
に対して次の (1), (2), (3) を求めよ．

(1) $f_x(1,2)$　　　(2) $f_y(1,2)$　　　(3) $\dfrac{f_x(x, y+h) - f_x(x, y)}{h}$

和尚 これも記号に慣れるための練習問題だ．

もえ　あたしは「数学記号アレルギー」だからこういう問題は見ただけでゾッとします．

和尚　記号にまどわされて数学が大嫌いになるっていうのはよくあるパターンだ．どういう意味かわからないっていうのはシャクにさわるだろう．

もえ　その通りでございます．よくおわかりで．

和尚　まず (1) の $f_x(1,2)$ だが，これは $f_x(x,y)$ という関数に $x=1$, $y=2$ を代入する，という意味なのだ．

夏子　$f_x(x,y)$ は f_x のことだから，$f(x,y)$ を x で偏微分して
$$f_x = (x^2 - xy - y^2)_x$$
$$= (x^2)_x - (xy)_x - (y^2)_x$$
$$= 2x - (x)_x y - 0$$
$$= 2x - y.$$
これに $x=1$, $y=2$ を代入して
$$f_x(1,2) = 2 \times 1 - 2 = 0$$
となりますね．

和尚　その通り．

もえ　なーんだ．意味がわかれば簡単じゃん．てことは $f_y(1,2)$ の方は
$$f_y = (x^2 - xy - y^2)_y$$
$$= (x^2)_y - (xy)_y - (y^2)_y$$
$$= 0 - x(y)_y - 2y$$
$$= -x - 2y$$
だからこれに $x=1$, $y=2$ を代入して
$$f_y(1,2) = -1 - 2 \times 2 = -5$$
ですネ．

和尚　その通りだ．数学記号アレルギーってほどでも無さそうだな．

もえ　ホントですか．うれしいな．

夏子　(3) はあたしがやってみます．f_x は今求めた通り
$$f_x = 2x - y$$

なので
$$f_x(x,y) = 2x - y$$
ですよね．この x のところに x を，y のところに $y+h$ を「代入」すると，
$$f_x(x, y+h) = 2x - (y+h) = 2x - y - h$$
なので，これから
$$f_x(x,y) = 2x - y$$
を引くと，
$$f_x(x, y+h) - f_x(x,y) = -h.$$
これを h で割って
$$\frac{f_x(x, y+h) - f_x(x,y)}{h} = -1$$
となりました．

和尚　正解だ．

●例題 5 の答

(1)　$f_x(1,2) = 0.$　　　　　(2)　$f_y(1,2) = -5.$

(3)　$\dfrac{f_x(x, y+h) - f_x(x,y)}{h} = -1.$

◉停留点

和尚　「停留点」という言葉は高校数学には出てこない．微分経にはこう書かれている．

停留点とは，偏導関数の値がすべて **0** になる点のことである．ただし実数の範囲に限る (虚数は不可)．

もえ　うわあムズカシそう！

和尚　少し解説が必要だろう．関数 $f(x,y)$ の停留点とは $f_x = 0$ と $f_y = 0$ をともに満たす点 (x,y) のことだ．ただし x も y も実数に限る（虚数はダメ）．

たとえば例題5の関数

$$f(x,y) = x^2 - xy - y^2$$

を取り上げてみよう．$f_x(1,2) = 0$ だから $(x,y) = (1,2)$ という点は $f_x = 0$ という条件を満たしている．しかし $f_y(1,2) \neq 0$ だから $f_y = 0$ という条件は満たしていない．だから $(x,y) = (1,2)$ は停留点ではない．一方

$$f_x = 2x - y, \qquad f_y = -x - 2y$$

だから，$(x,y) = (0,0)$ という点は $f_x = 0$ も $f_y = 0$ も満たしている．したがって $(x,y) = (0,0)$ は $f(x,y)$ の停留点になる．

夏子　関数の停留点はどうやって求めるんですか？

和尚　$f(x,y)$ の停留点を求めるには，まず偏導関数 f_x, f_y を求め，

$$\begin{cases} f_x = 0 \\ f_y = 0 \end{cases}$$

という「連立方程式」を x, y を未知数として（実数の範囲で）解けばよい．その解 (x,y) が $f(x,y)$ の停留点だ．停留点は何個も出てくることがあるし，1個も存在しないこともある．

●例題6．　次の関数の停留点をすべて求めよ．

$$f(x,y) = x^3 - 3xy + 6y^2.$$

和尚　どうかな？

もえ　f_x と f_y の計算ぐらいはあたしでもできますよ．

$$f_x = (x^3 - 3xy + 6y^2)_x$$
$$= (x^3)_x - (3xy)_x + (6y^2)_x$$

$$= 3x^2 - 3(x)_x y + 0$$
$$= 3x^2 - 3y,$$
$$f_y = (x^3 - 3xy + 6y^2)_y$$
$$= (x^3)_y - (3xy)_y + (6y^2)_y$$
$$= 0 - 3x(y)_y + 6(y^2)_y$$
$$= -3x + 12y$$

でしょ．
$$f_x = 3x^2 - 3y, \qquad f_y = -3x + 12y$$
となりました．

夏子 あとはあたしがやってみます．$f_x = 0$ と $f_y = 0$ を連立させて解くんやけど，それぞれの式を変形して

$$\begin{cases} f_x = 0 \\ f_y = 0 \end{cases} \iff \begin{cases} 3x^2 - 3y = 0 \\ -3x + 12y = 0 \end{cases} \iff \begin{cases} x^2 - y = 0 & \cdots ① \\ -x + 4y = 0 & \cdots ② \end{cases}$$

となるやんか．

もえ うん，なるほど．

夏子 ①を変形して
$$y = x^2 \cdots ③$$
となるからこれを②に代入して
$$-x + 4x^2 = 0.$$
因数分解して
$$x(-1 + 4x) = 0.$$
2つかけて0ってことは，どっちかが0ってことだから，
$$x = 0 \quad \text{または} \quad -1 + 4x = 0$$
でしょ．つまり
$$x = 0 \quad \text{または} \quad x = \frac{1}{4}.$$

もえ すごーい！ 今日の夏子さえてる！

夏子　y の値は③から求めて，$x=0$ のときは $y=0$．また $x=\dfrac{1}{4}$ のときは $y=\dfrac{1}{16}$．

したがって
$$(x,y)=(0,0) \quad \text{または} \quad \left(\dfrac{1}{4},\dfrac{1}{16}\right).$$

この 2 つはどちらも①，②の条件を満たしてますから，$f(x,y)$ の停留点は $(0,0)$，$\left(\dfrac{1}{4},\dfrac{1}{16}\right)$ の 2 つです．

和尚　すばらしい．大正解だ．

●例題 6 の答　$(x,y)=(0,0)$，$\left(\dfrac{1}{4},\dfrac{1}{16}\right)$．

◉第 2 次偏導関数

和尚　偏導関数をさらに偏微分したものを「第 2 次偏導関数」という．$f(x,y)$ の偏導関数は f_x と f_y の 2 つだが，第 2 次偏導関数は 4 つ出てきて，f_{xx}，f_{xy}，f_{yx}，f_{yy} で表す．すなわち，
$$f_{xx}=(f_x)_x, \quad f_{xy}=(f_x)_y, \quad f_{yx}=(f_y)_x, \quad f_{yy}=(f_y)_y$$
という意味だ．これらも x,y の関数になる．

●例題 7.　$f(x,y)=(x^2-y^2)^2$ の，第 2 次偏導関数を求めよ．

もえ　つぎつぎ偏微分していくだけだから簡単じゃん．まず 1 回偏微分すると，合成関数の微分で (x^2-y^2) を「ある関数」と考えて，
$$\begin{aligned}
f_x &= \left((x^2-y^2)^2\right)_x \\
&= 2(x^2-y^2)\times(x^2-y^2)_x \\
&= 2(x^2-y^2)\times\left((x^2)_x-(y^2)_x\right) \\
&= 2(x^2-y^2)\cdot 2x
\end{aligned}$$

$$\begin{aligned} &= 4x(x^2-y^2), \\ f_y &= \bigl((x^2-y^2)^2\bigr)_y \\ &= 2(x^2-y^2) \times (x^2-y^2)_y \\ &= 2(x^2-y^2) \times \bigl((x^2)_y - (y^2)_y\bigr) \\ &= 2(x^2-y^2) \cdot (-2y) \\ &= -4y(x^2-y^2). \end{aligned}$$

もう1回偏微分して,

$$\begin{aligned} f_{xx} &= (f_x)_x = \bigl(4x(x^2-y^2)\bigr)_x \\ &= (4x^3 - 4xy^2)_x \\ &= (4x^3)_x - (4xy^2)_x \\ &= 4(x^3)_x - 4(x)_x y^2 \\ &= 12x^2 - 4y^2, \\ f_{xy} &= (f_x)_y = \bigl(4x(x^2-y^2)\bigr)_y \\ &= 4x(x^2-y^2)_y \\ &= 4x\bigl((x^2)_y - (y^2)_y\bigr) \\ &= 4x(0 - 2y) \\ &= -8xy, \\ f_{yx} &= (f_y)_x = \bigl(-4y(x^2-y^2)\bigr)_x \\ &= -4y(x^2-y^2)_x \\ &= -4y\bigl((x^2)_x - (y^2)_x\bigr) \\ &= -4y \cdot 2x \\ &= -8xy, \\ f_{yy} &= (f_y)_y = \bigl(-4y(x^2-y^2)\bigr)_y \\ &= (-4x^2 y + 4y^3)_y \\ &= -(4x^2 y)_y + (4y^3)_y \\ &= -4x^2 (y)_y + 4(y^3)_y \end{aligned}$$

$$= -4x^2 + 12y^2.$$

できましたけど，4つもあるからメンドクサーイ！

和尚 正解だ．

●例題 7 の答 $f_{xx} = 12x^2 - 4y^2$, $f_{xy} = f_{yx} = -8xy$, $f_{yy} = -4x^2 + 12y^2$.

和尚 f_{xy} と f_{yx} とでは微分する変数の順序が異なり，いつでも等しいわけではないのだが，微積に登場する通常の関数については

$$f_{xy} = f_{yx}$$

となることが知られている．

もえ きょうも「もりだくさん」でしたねえ．ずいぶん計算をして手が痛くなりました．

和尚 それが大切だ．メンドクサくても計算をやっておくと，微積は確実に上達する．宿題を出しておこう．

●宿題 6

2 変数関数 $f(x,y)$ を，
$$f(x,y) = x^3 + 3xy^2 + \frac{1}{2}x^2 - \frac{1}{2}y^2$$
で定めるとき，

(1) 偏導関数 f_x, f_y を求めよ．

(2) 第 2 次偏導関数 $f_{xx}, f_{xy}, f_{yx}, f_{yy}$ を求めよ．

(3) $f(x,y)$ の停留点をすべて求めよ．

夏子 大学の期末試験の問題みたい．ムズカシそう！

和尚 チャレンジチャレンジ！　なにごともやってみるべし．

M ホテルのラウンジにて

もえ　いやあ，だんだん難しくなってきた．
夏子　修行らしくなってきたね．
もえ　でも不思議だなあ．あんなにキライだった微積が，それほど苦でなくなってきた．
夏子　和尚さんに洗脳されたのかもしれへんよ．
もえ　そうかもしれない．
夏子　もしかして，和尚さんて，もえのタイプじゃない？
もえ　タイプって？
夏子　好きなんじゃない？
もえ　大好き．でもそれは男性としてっていうより「師匠」って感じ．あたし和尚さんの弟子になりたいって思ってるの．
夏子　あたしも！　弟子になって，いろんなこと教わりたい．
もえ　大学の先生見てても，この人の弟子になりたいって思える人はぜんぜんいないもん．
夏子　たしかに．
もえ　ヒデーヨは別格としても，授業はテキトーにやってるって感じだし，そもそも学生と真剣に向き合ってないじゃん．
夏子　サラリーマンばっかりでサムライがいないのかな．でも授業で何かを教わっても，すなおに「ありがとうございます」って言えないのは，なんだか悲しいよね．
もえ　やっぱりヒデーヨと和尚さんを取り替えてもらうのが一番だ！

2変数関数の極値

●宿題 6 の答

(1) $f_x = 3x^2 + 3y^2 + x, \quad f_y = 6xy - y.$

(2) $f_{xx} = 6x + 1, \quad f_{xy} = f_{yx} = 6y, \quad f_{yy} = 6x - 1.$

(3) $(x, y) = (0, 0), \quad \left(-\dfrac{1}{3}, 0\right).$

夏子 (1),(2) は正解でしたけど,(3) は難しくて出来ませんでした.

もえ あたしもです.

和尚 少し解説しておこう.
$$f_y = 6xy - y = (6x - 1)y$$
と因数分解できるところがポイントだ.停留点を求めるには
$$\begin{cases} f_x = 0 \\ f_y = 0 \end{cases} \iff \begin{cases} 3x^2 + 3y^2 + x = 0 & \cdots ① \\ (6x - 1)y = 0 & \cdots ② \end{cases}$$
という連立方程式を実数の範囲で解けばよい.②から
$$6x - 1 = 0 \quad \text{または} \quad y = 0$$

となる．$6x-1=0$ とすると $x=\dfrac{1}{6}$ となるが，実数の範囲では
$$3\left(\dfrac{1}{6}\right)^2 + 3y^2 + \dfrac{1}{6} > 0$$
となって①が成り立たないから不適．したがって
$$y = 0$$
であることがわかる．①に代入して
$$3x^2 + x = x(3x+1) = 0.$$
これから
$$x = 0 \quad \text{または} \quad 3x+1 = 0.$$
すなわち
$$x = 0 \quad \text{または} \quad x = -\dfrac{1}{3}.$$
したがって
$$(x,y) = (0,0) \quad \text{または} \quad \left(-\dfrac{1}{3}, 0\right).$$
この2つの点が停留点ということになる．

もえ ひゃあムズカシーイ！

和尚 一般に停留点の計算はそう簡単じゃないぞ．

● $z = f(x, y)$ のグラフ

夏子 どうも2変数関数のイメージがつかめないんですけど．

和尚 グラフを考えるといい．

まず，xy 平面を無限にひろがった「地図」と考える．点 (x, y) の x は東西方向の，y は南北方向の位置を表す．

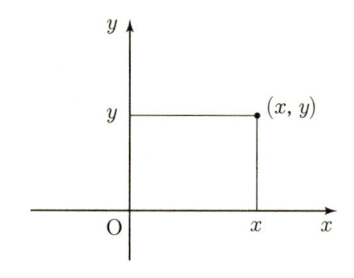

2変数関数
$$z = f(x, y)$$
は，地点 (x, y) における「標高」を表すと考えることができる．その「グラフ」とは，空間の点
$$(x, y, z) = (x, y, f(x, y))$$
の軌跡のことだ．地面というか，「地表面」に相当するものだ．

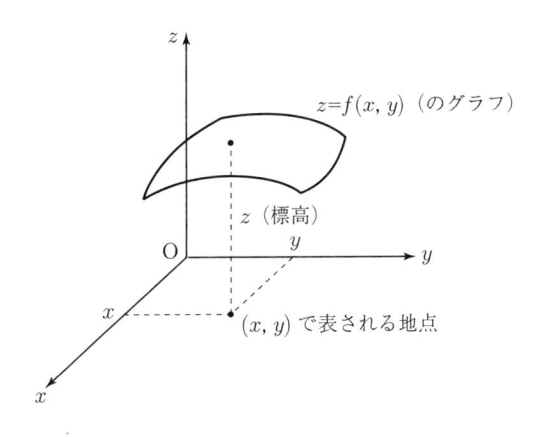

夏子　なるほど．なんとなくイメージがわいてきました．

もえ　たしかに．なんとなく，ではありますけど．

● 極大・極小

和尚　微分経にある通り，「極大」とは山の上，「極小」とは谷の底のことだ．グラフがそうなっている，ということだ．ただし2変数関数の場合，極小は谷の底というより「お椀の底」と言った方が的確かもしれない．

夏子　グラフを地面だと考えると，これもなんとなくわかります．

和尚　そのときの $z = f(x, y)$ の値を「極大値」，「極小値」，総称して「極値」という．

もえ　みんなで「そうしょうそうしょう」と言ったわけですね．

和尚　よくおぼえてるな．

　　　断っておくが，ここで扱う2変数関数は人為的に作った「へんてこな」

関数ではなく，微積に登場する通常の関数とする．
微分経にはこう書かれている．

極値を与える点は停留点に限る．

和尚 $f(x,y)$ の極値を与える点を求めるには，まず $f(x,y)$ の停留点をすべて求め，その中から探せ，ということになる．

もえ 停留点の計算てムズカシイですよね．ユーウツだなあ．

和尚 停留点がいつでも極値を与えるとは限らない．微分経にはこう書かれている．

停留点が実際に極値を与えるかどうかは，もとの関数の第 2 次偏導関数を調べて判定せよ．

夏子 第 2 次偏導関数を調べて，それでどうやって判定するんですか？

和尚 その判定法のところだが，残念ながらネズミのおしっこで微分経が読めない．たぶん次のような内容が書かれていたらしい．

(判定法) $(x,y)=(a,b)$ が $f(x,y)$ の停留点のとき，
$$H = \begin{vmatrix} f_{xx}(a,b) & f_{xy}(a,b) \\ f_{xy}(a,b) & f_{yy}(a,b) \end{vmatrix}$$
$$= f_{xx}(a,b)f_{yy}(a,b) - (f_{xy}(a,b))^2$$
とおく．

（1） $H>0$ かつ $f_{xx}(a,b)>0$ のときは，点 $(x,y)=(a,b)$ において $f(x,y)$ は極小となる ($f(a,b)$ が極小値)．

（2） $H>0$ かつ $f_{xx}(a,b)<0$ のときは，点 $(x,y)=(a,b)$ において $f(x,y)$ は極大となる ($f(a,b)$ が極大値)．

（3） $H<0$ のときは，点 $(x,y)=(a,b)$ において $f(x,y)$ は極大にも極小にもならない (極値を与えない)．

和尚　H は 2 次の行列式で定義されている．
$$\begin{vmatrix} \alpha & \beta \\ \gamma & \delta \end{vmatrix} = \alpha\delta - \beta\gamma$$
という意味だが，第 2 次偏導関数の値を並べて行列式を作る，と考えるとおぼえやすい．

もえ　数学記号アレルギーのあたしとしては目がまわりそうなんですけど，この判定法おぼえないといけないんですか？

和尚　練習問題で慣れてしまえばそんなに難しくないよ．自然におぼえられるからあまり心配しなくて大丈夫．

夏子　H が 0 のときはどうしたらいいんですか？

和尚　いい質問だ．$H = 0$ のときは，この判定法では何もわからない．他の方法を探すしかない．$H \neq 0$ のときは，この判定法で OK だ．

●例題 1.　次の関数の極値を求めよ．
$$f(x,y) = x^3 + 3xy^2 + \frac{1}{2}x^2 - \frac{1}{2}y^2.$$

和尚　「極値を求めよ」という問題の意味なのだが，極大または極小となる点をすべて求め，なおかつそれぞれの極大値・極小値を求めよ，ということだ．

夏子　極値を与える点がすべて求まって，それぞれの点が極大なのか極小なのかがわかれば，値の方は $f(x,y)$ に代入すれば求まりますね．

和尚　その通りだ．微分経に書かれているように，極値を与える点は停留点に限る．そこでまず停留点をすべて求め，その一つ一つについて判定法を適用することにしよう．

$f(x,y)$ の停留点は宿題 6 ですでに求めてある．すなわち
$$(x,y) = (0,0), \quad \left(-\frac{1}{3}, 0\right)$$
の 2 点だ．これらが極値を与える点の候補者だ．

第 2 次偏導関数も宿題 6 で求めてあって，

$$f_{xx} = 6x+1, \quad f_{xy} = 6y, \quad f_{yy} = 6x-1$$

となっている.

2つの停留点のそれぞれについて,判定法を適用してみよう.

ⅰ) $(x,y) = (0,0)$ では,

$$f_{xx}(0,0) = 1, \quad f_{xy}(0,0) = 0, \quad f_{yy}(0,0) = -1$$

だから

$$H = \begin{vmatrix} 1 & 0 \\ 0 & -1 \end{vmatrix} = -1 < 0.$$

判定法 (3) により,極値を与えない.

ⅱ) $(x,y) = \left(-\dfrac{1}{3}, 0\right)$ では,

$$f_{xx}\left(-\frac{1}{3}, 0\right) = -1, \quad f_{xy}\left(-\frac{1}{3}, 0\right) = 0, \quad f_{yy}\left(-\frac{1}{3}, 0\right) = -3$$

より

$$H = \begin{vmatrix} -1 & 0 \\ 0 & -3 \end{vmatrix} = 3 > 0,$$

$$f_{xx} = -1 < 0.$$

判定法 (2) により極大. 極大値は

$$f\left(-\frac{1}{3}, 0\right) = \left(-\frac{1}{3}\right)^3 + \frac{1}{2}\left(-\frac{1}{3}\right)^2 = \frac{1}{54}$$

となる.

ⅰ),ⅱ) から答が求められた.

答の書き方はいろいろな流儀があるのだが,ここでは

$$f\left(-\frac{1}{3}, 0\right) = \frac{1}{54} \text{ が極大値}$$

という,一番簡単な書き方を採用しておこう.

● 例題 1 の答 $f\left(-\dfrac{1}{3}, 0\right) = \dfrac{1}{54}$ が極大値.

●例題 2. 次の関数の極値を求めよ.
$$f(x,y) = x^3 - 3xy + 3y^2 + 5.$$

和尚 今度は君たちがやってごらん.

もえ えーどうしよう.

夏子 まず $f(x,y)$ の停留点を求めよう.

もえ 停留点ていうのは，$f_x = 0$ と $f_y = 0$ をともに満たす点だから，まず $f(x,y)$ を偏微分すると，
$$\begin{aligned}
f_x &= (x^3 - 3xy + 3y^2 + 5)_x \\
&= (x^3)_x - (3xy)_x + (3y^2 + 5)_x \\
&= 3x^2 - 3(x)_x y + 0 \\
&= 3x^2 - 3y, \\
f_y &= (x^3 - 3xy + 3y^2 + 5)_y \\
&= (x^3)_y - (3xy)_y + (3y^2)_y + (5)_y \\
&= 0 - 3x(y)_y + 3(y^2)_y + 0 \\
&= -3x + 6y.
\end{aligned}$$

夏子 連立方程式
$$\begin{cases} f_x = 0 \\ f_y = 0 \end{cases} \Longleftrightarrow \begin{cases} 3x^2 - 3y = 0 \\ -3x + 6y = 0 \end{cases} \Longleftrightarrow \begin{cases} x^2 - y = 0 & \cdots ① \\ -x + 2y = 0 & \cdots ② \end{cases}$$
を実数の範囲で解けばよい.

もえ ②の式から
$$x = 2y$$
となるから，これを①に代入すると
$$\begin{aligned}
(2y)^2 - y = 0 &\Longleftrightarrow 4y^2 - y = 0 \\
&\Longleftrightarrow y(4y - 1) = 0 \\
&\Longleftrightarrow y = 0 \text{ または } 4y - 1 = 0
\end{aligned}$$

$$\iff y = 0 \text{ または } y = \frac{1}{4}$$

となるでしょ. $x = 2y$ だから

$$(x, y) = (0, 0) \text{ または } \left(\frac{1}{2}, \frac{1}{4}\right)$$

となって停留点が求まったわ.

夏子 停留点が

$$(0, 0), \quad \left(\frac{1}{2}, \frac{1}{4}\right)$$

の2つで，これらが極値を与える点の候補者になるのね.

もえ 第2次偏導関数を求めると,

$$\begin{aligned}
f_{xx} &= (f_x)_x \\
&= (3x^2 - 3y)_x \\
&= (3x^2)_x - (3y)_x \\
&= 6x, \\
f_{xy} &= (f_x)_y \\
&= (3x^2 - 3y)_y \\
&= (3x^2)_y - (3y)_y \\
&= -3, \\
f_{yy} &= (f_y)_y \\
&= (-3x + 6y)_y \\
&= (-3x)_y + (6y)_y \\
&= 6
\end{aligned}$$

だから,

$$f_{xx} = 6x, \quad f_{xy} = -3, \quad f_{yy} = 6$$

となったわ.

夏子 停留点のそれぞれについて判定法を適用すると,

ⅰ) $(x, y) = (0, 0)$ では,

$$f_{xx}(0, 0) = 0, \quad f_{xy}(0, 0) = -3, \quad f_{yy}(0, 0) = 6$$

だから,

$$H = \begin{vmatrix} 0 & -3 \\ -3 & 6 \end{vmatrix} = -9 < 0$$

となるので，極値を与えない．

ⅱ) $(x, y) = \left(\dfrac{1}{2}, \dfrac{1}{4}\right)$ では，

$$f_{xx}\left(\frac{1}{2}, \frac{1}{4}\right) = 3, \quad f_{xy}\left(\frac{1}{2}, \frac{1}{4}\right) = -3, \quad f_{yy}\left(\frac{1}{2}, \frac{1}{4}\right) = 6$$

なので，

$$H = \begin{vmatrix} 3 & -3 \\ -3 & 6 \end{vmatrix} = 18 - 9 = 9 > 0,$$

$$f_{xx} = 3 > 0.$$

判定法 (1) によって極小．極小値は

$$f\left(\frac{1}{2}, \frac{1}{4}\right) = \left(\frac{1}{2}\right)^3 - 3 \cdot \frac{1}{2} \cdot \frac{1}{4} + 3\left(\frac{1}{4}\right)^2 + 5$$

$$= \frac{79}{16}.$$

もえ できました！ 答は

$$f\left(\frac{1}{2}, \frac{1}{4}\right) = \frac{79}{16} \text{ が極小値}$$

です．

和尚 正解だ．

もえ 難しそうに見えたけど，意外と簡単じゃん．

●例題 2 の答 $f\left(\dfrac{1}{2}, \dfrac{1}{4}\right) = \dfrac{79}{16}$ が極小値．

和尚 判定法のところは慣れてしまえば意外に簡単だ．第 2 次偏導関数の値を並べて行列式を作り，その値が負ならば極値を与えない．値が正ならば極大か極小．極大であるか極小であるかは，行列式の左上の数 ((1, 1) 成分) が正ならば極小，負ならば極大と判定する．

夏子 行列式の値が 0 になってしまったら，この方法では判定できないのですね．

和尚 その通り．

もえ 停留点が求まらないときはどうするんですか？

和尚　どうしようもないなあ．停留点の計算はこうすればできるという簡単なマニュアルが無い．ケースバイケースで考えるしかないが，停留点が求まらなかったら，正直お手上げだ．

もえ　なるほど．

和尚　宿題を出しておこう．ちょっと計算に時間がかかるかもしれんぞ．

●宿題 7

次の関数の停留点をすべて求め，極値を求めよ．

（1）$f(x,y) = x^3 + x^2 + 4xy + 4y^2 - 3x + 7.$

（2）$f(x,y) = x^3 + xy^2 + x^2 - y^2 + 1.$

（3）$f(x,y) = x^4 - x^2 + 4xy + 4y^2 + 3.$

M ホテルのコーヒーショップにて

夏子　ねえねえ．和尚さんがくれた「宿題」の下のところに「おまけのクイズ」が付いてるよ．

もえ　どれ？　あ，ホントだ．なんだこれ？

(おまけのクイズ)　漢字の誤りを正せ．
　　（1）勉強　　（2）講議　　（3）成積　　（4）真自面(まじめ)
　　（5）麻省(マージャン)

もえ　困ったなあ．

夏子　なんで？

もえ　あたしこれ，五つとも全部正しい漢字に見える．どこがまちがってるのか，ぜーんぜんわかんないよ．

夏子　(1)はベンキョウのベンが違うように見える．鬼っていう字とごっちゃになってるみたい．

もえ　そういえばそうだね．でも和尚さんもヘンなクイズ出すなあ．宿題の極値問題も計算に時間かかりそうだし，今夜は徹夜かもしれないよ．

夏子　そうやね．

● 第八話

三角関数の微分

●宿題 7 の答　(1) 停留点は $\left(1, -\frac{1}{2}\right)$ と $\left(-1, \frac{1}{2}\right)$. $f\left(1, -\frac{1}{2}\right) = 5$ が極小値.

(2) 停留点は $(0, 0)$ と $\left(-\frac{2}{3}, 0\right)$. $f\left(-\frac{2}{3}, 0\right) = \frac{31}{27}$ が極大値.

(3) 停留点は $(0, 0)$, $\left(1, -\frac{1}{2}\right)$, $\left(-1, \frac{1}{2}\right)$.
$f\left(1, -\frac{1}{2}\right) = 2$ と $f\left(-1, \frac{1}{2}\right) = 2$ が極小値.

夏子　(2) ですけど，停留点の計算がよくわかりませんでした．
和尚　少し解説しておこう．
$$f(x, y) = x^3 + xy^2 + x^2 - y^2 + 1$$
の停留点を求めるのだから，偏微分すると，
$$f_x = 3x^2 + y^2 + 2x, \quad f_y = 2xy - 2y.$$
したがって次の連立方程式を実数の範囲で解けばよい．

$$\begin{cases} 3x^2 + y^2 + 2x = 0 \cdots ① \\ 2y(x-1) = 0 \cdots ② \end{cases}$$

ここで②から

$$y = 0 \quad \text{または} \quad x - 1 = 0$$

となる．もし $x - 1 = 0$ だとすると，$x = 1$ となるから①に代入して

$$y^2 + 5 = 0$$

となるが，実数の範囲ではこれは不可能だから，$x - 1 = 0$ ということはありえない．もともと

$$y = 0 \quad \text{または} \quad x - 1 = 0$$

ということはわかっていたから，$x - 1 = 0$ がありえないとなれば，

$$y = 0$$

であることがわかる．これを①に代入して

$$3x^2 + 2x = x(3x + 2) = 0.$$

したがって

$$x = 0 \quad \text{または} \quad 3x + 2 = 0.$$

すなわち

$$x = 0 \quad \text{または} \quad x = -\frac{2}{3}$$

となる．$y = 0$ だったから

$$(x, y) = (0, 0) \quad \text{または} \quad \left(-\frac{2}{3}, 0\right).$$

これで停留点が求まる．

夏子 ムズカシーイ！ 論理がよくわかりません．

和尚 気にするな．最近は数学科の大学生でも論理がよくわかっていない学生はめずらしくない．「これじゃあ数学は無理だ」と思っていても，大学院に進学して修士論文を書く頃になると，なんとかサマになってくるから不思議なものだ．普通の人間の脳というのはそういうふうにできているらしい．

専門家はとかく，初心者を論理で説得しようとして失敗するが，教える

相手は機械やコンピュータではなく「人間」だということを忘れている．論理は「上級者コース」の課題だと考えて，最初からあまりあせらないことだ．これも「慣れ」が必要だよ．

夏子　なるほど．わかりました．

和尚　ところで漢字のクイズはできたか？

もえ　まちがいさがしですか？　全部正しい漢字に見えたのであせりました．いろいろ考えたけど自信なくて，結局ケータイで調べました．

　　　(1) 勉強　　(2) 講義　　(3) 成績　　(4) 真面目　　(5) 麻雀

● 弧度法

和尚　今日は三角関数の話だ．文系の学生は苦手なところかもしれんな．

もえ　苦手ってゆーか，あんま関心がありません．三角関係なら関心がありますけど．

和尚　$30°$，$45°$，$180°$ のように角度を表す方法の他に，もう一つ角度を表す方法がある．それは「半径 1 の円の弧の長さ」で角度を表すというものだ．

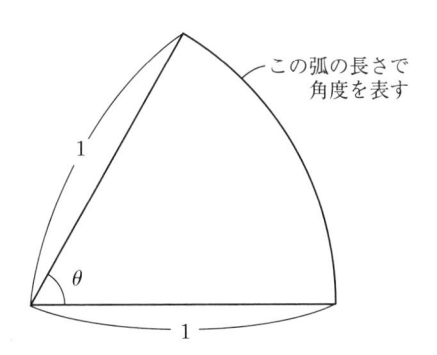

これを「弧度法」という．単位は付けない．微積では弧度法を用いる．

夏子　高校で習いました．

和尚　半径 1 の円の円周の長さは 2π だから，

$$360° = 2\pi$$

となる．割り算をしていくと，
$$180° = \pi, \quad 90° = \frac{\pi}{2}, \quad 60° = \frac{\pi}{3},$$
$$45° = \frac{\pi}{4}, \quad 30° = \frac{\pi}{6}, \quad 0° = 0$$
というふうになる．

もえ いきなり $\frac{\pi}{3}$ とか言われてもピンと来ないんですよねえ．

和尚 これも慣れだよ．慣れるしかない．

●sin, cos と直角三角形

和尚 図の直角三角形において，
$$\sin\theta = \frac{AC}{AB}, \quad \cos\theta = \frac{BC}{AB}, \quad \tan\theta = \frac{\sin\theta}{\cos\theta} = \frac{AC}{BC}.$$

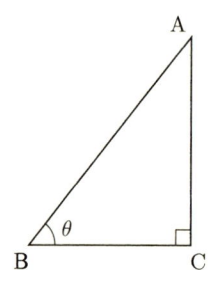

もえ 高校で習いました．おぼえるのに苦労しました．

●例題1. 値を求めよ．

（1） $\sin\frac{\pi}{3}$ 　　（2） $\cos\frac{\pi}{4}$ 　　（3） $\tan\frac{\pi}{6}$ 　　（4） $\cos 0$

もえ 良く出てくる直角三角形が2つありましたよね．
これを使うと，
$$\sin\frac{\pi}{3} = \sin 60° = \frac{\sqrt{3}}{2}.$$
$$\cos\frac{\pi}{4} = \cos 45° = \frac{1}{\sqrt{2}}.$$
$$\tan\frac{\pi}{6} = \tan 30° = \frac{1}{\sqrt{3}}.$$

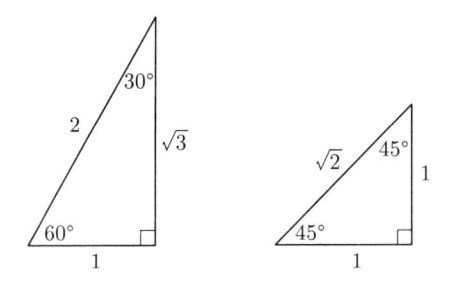

あれ？　$\cos 0°$ て何だっけ？

夏子　えーと，$\sin 0°$ が 0 で，$\cos 0°$ は 1 だったと思うけど．

もえ　そっかそっか．
$$\cos 0 = \cos 0° = 1.$$
できました．

和尚　正解だ．

●例題 1 の答　$\sin \dfrac{\pi}{3} = \dfrac{\sqrt{3}}{2}, \qquad \cos \dfrac{\pi}{4} = \dfrac{1}{\sqrt{2}}, \qquad \tan \dfrac{\pi}{6} = \dfrac{1}{\sqrt{3}},$
$\cos 0 = 1.$

●一般角

和尚　高校で習ったように，sin はサイン，cos はコサイン，tan はタンジェントと読む．

xy 平面において，原点 O を中心とする半径 1 の円を「単位円」という．x 軸の正の方向を基準 (始線) にして半時計回りに角 θ を計るとき，単位円周上の点 P (図) の座標を (x, y) とすると，
$$\begin{cases} x = \cos\theta \\ y = \sin\theta \end{cases}$$
これが一般角 θ に対する $\sin\theta$，$\cos\theta$ の定義だ．$\tan\theta$ は，
$$\tan\theta = \frac{\sin\theta}{\cos\theta}$$
と定義する．

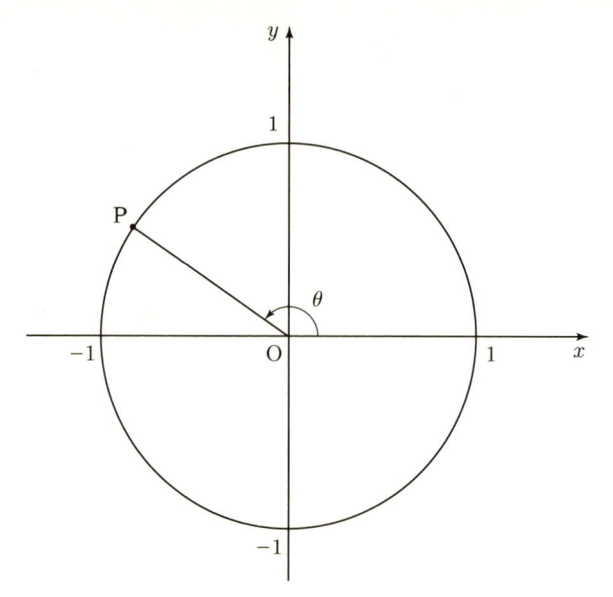

夏子　θ がマイナスの時は，時計回りに計るわけですね．

和尚　その通り．θ が 2π でちょうど 1 周するから，θ が大きな数のときは何回かぐるぐる回ることになる．

●例題 2.　値を求めよ．

(1)　$\sin\left(-\dfrac{2}{3}\pi\right)$　　　(2)　$\cos\left(-\dfrac{2}{3}\pi\right)$　　　(3)　$\tan\left(-\dfrac{2}{3}\pi\right)$

和尚　どうかな？

もえ　えーと，角がマイナスだから右回りに回るんでしょ．
$$\frac{2}{3}\pi = 120°$$
だから，右回りに $120°$ かあ．
$$120° = 90° + 30°$$
だから，うわあめんどくさ！

夏子　点 P の座標をもとめればいいのよ．

もえ　どうやって？

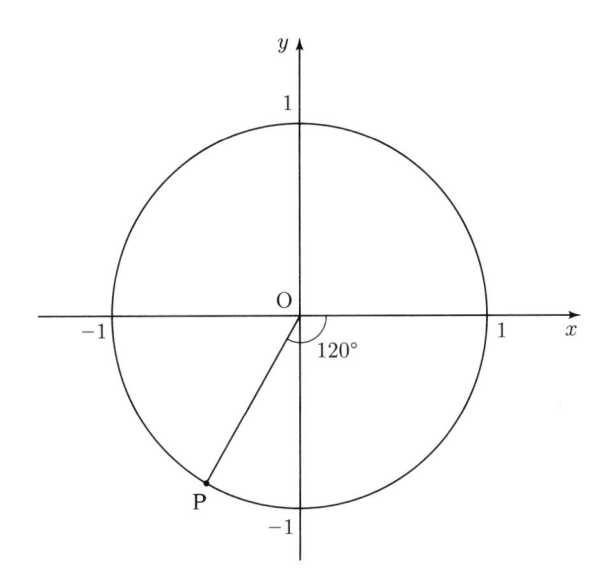

夏子　そうやねえ．あ，わかった！　Pが単位円周上にあるからOPの長さは1でしょ．

もえ　うん．

夏子　Pからx軸に垂線を下ろして足をHとすると

$$\angle\text{POH} = 60°$$

やから，直角三角形POHを考えて，

$$\text{OH} = \frac{1}{2}\text{OP} = \frac{1}{2}$$

となるやんか．

もえ　わかった！

$$\text{PH} = \frac{\sqrt{3}}{2}$$

だから，Pの座標は

$$\left(-\frac{1}{2}, -\frac{\sqrt{3}}{2}\right)$$

になるんだ．てことは，

$$\sin\left(-\frac{2}{3}\pi\right) = -\frac{\sqrt{3}}{2}, \quad \cos\left(-\frac{2}{3}\pi\right) = -\frac{1}{2}.$$

夏子　タンジェントはサインをコサインで割るから，

$$\tan\left(-\frac{2}{3}\pi\right) = \frac{-\frac{\sqrt{3}}{2}}{-\frac{1}{2}} = \sqrt{3}.$$

できました.

和尚　正解だ.

●例題 2 の答　$\sin\left(-\frac{2}{3}\pi\right) = -\frac{\sqrt{3}}{2}$,　　$\cos\left(-\frac{2}{3}\pi\right) = -\frac{1}{2}$,
$\tan\left(-\frac{2}{3}\pi\right) = \sqrt{3}$.

● 独特の記号法

和尚　三角関数には独特の記号法があって，初心者をまどわすことがある．
もえ　パッと見てどういうイミなのかわからないことがあります．
和尚　慣れてしまえばどうってことはない．微分経にはこう書かれている．

　　三角関数は，なるべくカッコつけるな．

もえ　なんですか，これ？
和尚　なるべくカッコ（ ）を付けないで表せ，ということだ．（ ）を付けた方がわかりやすいケースも多いのだが，スペースを節約するという意味もあるのだろう．

誤解が起きない場合は（ ）を付けないのが原則だ．たとえば次のように表す．

$$\sin(2x) = \sin 2x. \qquad \cos\left(\frac{2x}{3}\right) = \cos\frac{2x}{3}.$$

$$(\sin x)(\cos x) = \sin x \cos x. \qquad \sin(xy) = \sin xy. \qquad \cos(x^2) = \cos x^2.$$

よほどのヘソ曲がりでない限り，$\sin x \cos x$ を $\sin(x\cos x)$ だとは思わないだろう．だから（ ）を付けないのだ．

一方，

$$(\sin x)y$$

のカッコを取ってしまうと
$$\sin xy = \sin(xy)$$
という意味になる．こういうときは y を前に出して
$$(\sin x)y = y\sin x$$
と書けば ( ) を付けなくてすむ．

夏子 さっきの例の中で，$\cos x^2$ というのは $(\cos x)^2$ とまぎらわしいですね．

和尚 そう．そこで三角関数独特の書き方があって，$(\cos x)^2$ の場合は $\cos$ の右上に 2 を書いて
$$(\cos x)^2 = \cos^2 x$$
と表す．同様に，
$$(\sin x)^2 = \sin^2 x, \quad (\sin x)^3 = \sin^3 x, \quad (\tan x)^5 = \tan^5 x, \quad \cdots$$
などと表す．

慣れないとわかりにくいかもしれないが，たとえば
$$2\sin^3 x \cos^5 x$$
というのは，
$$2 \times (\sin x)^3 \times (\cos x)^5$$
のことだ．

もえ たしかにわかりにくい．てゆーかすぐ忘れそうです．

和尚 もちろん ( ) を外せない場合もある．
たとえば
$$\cos(-x), \qquad \sin(x+y)$$
といったケースだ．$\sin(x+y)$ の ( ) を外すと
$$\sin x + y = (\sin x) + y$$
という意味になってしまう．

● 微分の公式

和尚　三角関数の微分の公式は 2 つだけだ．微分経にはこう書かれている．

　　正弦の微分は余弦，余弦の微分は負の正弦．

もえ　なんですか，これ？

和尚　正弦というのはサインのこと，余弦というのはコサインのことだ．記号で書くと次の公式になる．

$$(\sin x)' = \cos x. \qquad (\cos x)' = -\sin x.$$

もえ　暗記しなくちゃいけないんですか？

和尚　慣れれば自然に手が動くようになる．心配はいらん．

●例題 3.　次の関数を微分せよ．

(1)　$y = \cos 2x - x \sin x.$　　　　(2)　$y = 3\sin^2 x \cos x.$

和尚　どうかな？

もえ　(1) は

$$y' = (\cos 2x - x \sin x)'$$
$$= (\cos 2x)' - (x \sin x)'$$

までわかりますけど，その先がわかりません．

和尚　記号にまどわされてるな．

$$\cos 2x = \cos(2x), \qquad x \sin x = x \times (\sin x)$$

だぞ．

夏子　$\cos 2x$ の微分は，合成関数の微分法で $(2x)$ を「ある関数」と考えて

$$(\cos 2x)' = \big(\cos(2x)\big)'$$
$$= \big(-\sin(2x)\big) \times (2x)'$$
$$= -2\sin 2x$$

とすればいいのよ．

もえ　そっかそっか．$x\sin x$ の微分は積の微分だから，
$$(x\sin x)' = \bigl(x \times (\sin x)\bigr)'$$
$$= (x)' \times (\sin x) + (\sin x)' \times x$$
$$= 1 \times (\sin x) + (\cos x) \times x$$
$$= \sin x + x\cos x.$$
したがって，
$$y' = (\cos 2x)' - (x\sin x)'$$
$$= -2\sin 2x - (\sin x + x\cos x)$$
$$= -2\sin 2x - \sin x - x\cos x.$$
できました．

和尚　(1) は正解だ．(2) は？

夏子　$y' = (3\sin^2 x \cos x)'$ ですから積の微分と合成関数の微分を使って，
$$y' = 3\bigl((\sin x)^2 (\cos x)\bigr)'$$
$$= 3\bigl(((\sin x)^2)'(\cos x) + (\cos x)'(\sin x)^2\bigr)$$
$$= 3\bigl(2(\sin x) \times (\sin x)' \times (\cos x) + (-\sin x)(\sin x)^2\bigr)$$
$$= 3\bigl(2(\sin x)(\cos x)(\cos x) - (\sin x)^3\bigr)$$
$$= 6\sin x \cos^2 x - 3\sin^3 x.$$

和尚　正解だ．

●例題 3 の答　（ 1 ）　$y' = -2\sin 2x - \sin x - x\cos x.$
（ 2 ）　$y' = 6\sin x \cos^2 x - 3\sin^3 x.$

● いくつかの公式

和尚　三角関数の公式はたくさんあるが，微積に登場するものを列挙しておこう．

（ 1 ）　$\sin^2 x + \cos^2 x = 1.$

（2） (加法定理)
$$\begin{cases} \sin(\alpha+\beta) = \sin\alpha\cos\beta + \cos\alpha\sin\beta. \\ \cos(\alpha+\beta) = \cos\alpha\cos\beta - \sin\alpha\sin\beta. \end{cases}$$

（3） (倍角の公式)
$$\sin 2x = 2\sin x\cos x.$$
$$\cos 2x = 2\cos^2 x - 1 = 1 - 2\sin^2 x.$$

（4） $\sin(-x) = -\sin x.$
$\cos(-x) = \cos x.$
$-1 \leqq \sin x \leqq 1, \quad -1 \leqq \cos x \leqq 1.$

●例題 4.　関数 $\tan x$ を微分せよ．

夏子　タンジェントはサインをコサインで割ったものだから，商の微分じゃないかしら．

もえ　商の微分て何だっけ？

夏子　分子を微分して分母をかけたものから分母を微分して分子をかけたものを引き，全体を分母の 2 乗で割る．

もえ　そっかそっか，思い出した．

夏子　そうすると，
$$\begin{aligned}(\tan x)' &= \left(\frac{\sin x}{\cos x}\right)' \\ &= \frac{(\sin x)' \cdot \cos x - (\cos x)' \cdot \sin x}{\cos^2 x} \\ &= \frac{\cos^2 x - (-\sin^2 x)}{\cos^2 x} \\ &= \frac{\cos^2 x + \sin^2 x}{\cos^2 x} \\ &= \frac{1}{\cos^2 x}.\end{aligned}$$

和尚　正解だ．

●例題 4 の答　$(\tan x)' = \dfrac{1}{\cos^2 x}$.

和尚　今日の宿題は計算がメンドクサイと思うかもしれないが，三角関数の微分は慣れてしまえばどうってことはない．あまりあせらないことだ．

●宿題 8
(1)　次の関数を微分せよ．
 （ア）　$y = -\cos x - 3\sin x + 2$.
 （イ）　$y = \cos^5 x - 3\sin 2x$.
 （ウ）　$y = \dfrac{\cos x}{\sin x + \cos x}$.

(2)　次の関数を偏微分せよ．
$$z = y^2 \sin(x^2 + y^2).$$

　　M ホテルのコーヒーショップにて

夏子　また宿題におまけがついてるよ．

もえ　また？　きのうは漢字のクイズだったけど，きょうは何だろう．

(おまけのクイズ)　道路の上にある大学はどこか？

もえ　なんだこりゃ．和尚さんオヤジギャグが好きだから，どーせダジャレだよ，きっと．

夏子　道路の上にある大学だから，ドロウエ大学？　そんな大学ないか．

もえ　クイズを出されて解けないのはシャクだから考えてはみるけど，睡眠不足になっちゃうよ．

夏子　そうやね．

もえ　連日の数学・数学でさすがに疲れが出てきて，ちょっと休みたーい．ここでおいしいものを食べて栄養補給すると元気百倍なんだけど，だれかおごってくれないかなあ．

夏子　無理無理．修行中だってこと忘れたの？

● 第九話

e^x の微分

●宿題 8 の答　(1) (ア) $y' = \sin x - 3\cos x$.

(イ) $y' = -5\cos^4 x \sin x - 6\cos 2x$.　(ウ) $y' = -\dfrac{1}{(\sin x + \cos x)^2}$.

(2) $z_x = 2xy^2 \cos(x^2+y^2)$,　　$z_y = 2y\sin(x^2+y^2) + 2y^3 \cos(x^2+y^2)$.

もえ　(1) の (ア) は
$$y' = (-\cos x - 3\sin x + 2)'$$
$$= -(\cos x)' - (3\sin x)' + (2)'$$
$$= -(-\sin x)' - 3(\sin x)' + 0$$
$$= \sin x - 3\cos x$$
だからできましたけど，(イ) は
$$y' = (\cos^5 x - 3\sin 2x)'$$
$$= (\cos^5 x)' - 3(\sin 2x)'$$
までで，そのあとがわかりませんでした．

和尚　そうか．$(\cos^5 x)'$ も $(\sin 2x)'$ も，合成関数の微分だ．

夏子　合成関数の微分ていうのは，「ある関数のそのまた関数になっているものを微分するには，そのまた関数をある関数で微分したものに，ある関数を微分してかければいい」でしたね．

和尚　そうだ．$\cos^5 x$ というのは
$$\cos^5 x = (\cos x)^5$$
という意味だから，これを微分するには，$\cos x$ を「ある関数」と考えて，$(\cos x)^5$ を $\cos x$ で微分すると，オドロキ・モモノキ・サンショノキだから
$$5(\cos x)^4$$
となるので，これに
$$(\cos x)' = -\sin x$$
をかければよい．すなわち，
$$\begin{aligned}(\cos^5 x)' &= ((\cos x)^5)' \\ &= 5(\cos x)^4 \times (\cos x)' \\ &= 5(\cos x)^4 \times (-\sin x) \\ &= -5\cos^4 x \sin x.\end{aligned}$$
一方 $\sin 2x$ を微分するには，
$$\sin 2x = \sin(2x)$$
だから $(2x)$ を「ある関数」と考えて，
$$\begin{aligned}(\sin 2x)' &= \bigl(\sin(2x)\bigr)' \\ &= \bigl(\cos(2x)\bigr) \times (2x)' \\ &= 2\cos 2x\end{aligned}$$
とすればよい．

もえ　ウーン難しい．でもなんとなくわかりました．

和尚　三角関数の記号に慣れてしまえばどーってことないさ．

夏子 (1) の (ウ) は「商の微分法」でできました．
$$y' = \left(\frac{\cos x}{\sin x + \cos x}\right)'$$
$$= \frac{(\cos x)'(\sin x + \cos x) - (\sin x + \cos x)' \cdot \cos x}{(\sin x + \cos x)^2}$$
$$= \frac{(-\sin x)(\sin x + \cos x) - (\cos x - \sin x) \cdot \cos x}{(\sin x + \cos x)^2}$$
$$= \frac{-\sin^2 x - \sin x \cos x - \cos^2 x + \sin x \cos x}{(\sin x + \cos x)^2}$$
$$= \frac{-(\sin^2 x + \cos^2 x)}{(\sin x + \cos x)^2}$$

となって，ここで公式
$$\sin^2 x + \cos^2 x = 1$$
を使うと
$$y' = -\frac{1}{(\sin x + \cos x)^2}$$
となります．

和尚 なるほど．(2) の偏微分はどうだった？

もえ えーと，
$$z = y^2 \sin(x^2 + y^2)$$
を偏微分するんだから，まず z_x は y を定数と考えて z を x で微分するから，
$$z_x = \left(y^2 \sin(x^2 + y^2)\right)_x$$
$$= y^2 \left(\sin(x^2 + y^2)\right)_x$$
となりますけど，そこから先がわかりません．

和尚 これも合成関数の微分だ．$(x^2 + y^2)$ を「ある関数」と考えて，y は定数扱いだから，
$$\left(\sin(x^2 + y^2)\right)_x$$
$$= \left(\cos(x^2 + y^2)\right) \times (x^2 + y^2)_x$$
$$= \left(\cos(x^2 + y^2)\right) \cdot \left((x^2)_x + (y^2)_x\right)$$
$$= \left(\cos(x^2 + y^2)\right) \cdot (2x + 0)$$

$$= 2x\cos(x^2+y^2)$$

となるのさ．

もえ　なるほど．

和尚　z_y は x を定数と考えて z を y で微分するから，積の微分法で，
$$\begin{aligned}z_y &= \left(y^2 \sin(x^2+y^2)\right)_y \\ &= (y^2)_y \sin(x^2+y^2) + \left(\sin(x^2+y^2)\right)_y \cdot y^2 \\ &= 2y\sin(x^2+y^2) + \left(\sin(x^2+y^2)\right)_y \cdot y^2\end{aligned}$$

となるが，
$$\left(\sin(x^2+y^2)\right)_y$$

についてはさっきと同じように合成関数の微分法を用いて，(x^2+y^2) を「ある関数」と考えて，
$$\begin{aligned}\left(\sin(x^2+y^2)\right)_y &\\ &= \left(\cos(x^2+y^2)\right) \times (x^2+y^2)_y \\ &= \left(\cos(x^2+y^2)\right) \cdot \left((x^2)_y + (y^2)_y\right) \\ &= \left(\cos(x^2+y^2)\right) \cdot (0+2y) \\ &= 2y\cos(x^2+y^2)\end{aligned}$$

と計算できる．

もえ　なーるほど．

和尚　三角関数の記号にまだ慣れていないので難しく見えるのだろう．ところでおまけのクイズはできたかな？

もえ　「道路の上にある大学」ですか？

夏子　道路の上にあるものをいろいろ考えたんですけど，出て来ませんでした．

和尚　ホントか？　サービス問題のつもりだったのになあ．道路の上にあるのは陸橋だから，「りっきょう大学」だよ．

もえ　あらあら，平凡でしたネ．

和尚　なんだ？

もえ　いえ，ひとりごとです．

● 自然対数の底

和尚　さて，
$$(1+1)^1, \quad \left(1+\frac{1}{2}\right)^2, \quad \left(1+\frac{1}{3}\right)^3, \quad \left(1+\frac{1}{4}\right)^4, \quad \left(1+\frac{1}{5}\right)^5, \quad \cdots$$
という数の列を計算していくと，定数
$$e = 2.7182\cdots$$
に限りなく近づいていく．この定数 e は「自然対数の底」と呼ばれ，微積分ではきわめて重要な定数だ．ちなみに底は「てい」と読む．「そこ」と読まないように．

もえ　そこまでバカじゃありません．

和尚　今のはシャレか？
この e の肩に変数 x を乗っけた関数 e^x は，きわめて重要な関数だ．微分経にはこう書かれている．

　　e の変数乗は，微分しても変わらない．

和尚　記号で表すと，次の公式になる．
$$(e^x)' = e^x.$$

もえ　これは覚えやすいですね．

和尚　微分の計算は「合成関数の微分」が基本だ．

もえ　またですか？

和尚　前にも言っただろう．合成関数の微分ができるとできないとでは，月とスッポンポンぐらいに違うのだ．

もえ　スッポンポンにはなりたくありません！

●例題 1.　次の関数を微分せよ．

（1）$y = e^{2x}$.　　　　（2）$y = e^{-x}$.　　　（3）$y = e^{x^2-x+1}$.

（4）$y = xe^x$.　　　　（5）$y = xe^{-2x}$.

和尚 (1) はワシがやってみよう．e^{2x} を微分するのだから，e の肩に乗っかってる $2x$ を「ある関数」と考えて合成関数の微分法を適用する．e^{2x} を $2x$ で微分すると e^{2x}．それに $2x$ を微分したものをかければよいから，

$$\begin{aligned}y' &= (e^{2x})' \\ &= e^{2x} \times (2x)' \\ &= e^{2x} \times 2 \\ &= 2e^{2x}\end{aligned}$$

となるわけだ．

もえ (2) も同じように考えて，$-x$ を「ある関数」として，

$$\begin{aligned}y' &= (e^{-x})' \\ &= e^{-x} \times (-x)' \\ &= e^{-x} \times (-1) \\ &= -e^{-x}.\end{aligned}$$

夏子 (3) は $x^2 - x + 1$ を「ある関数」と考えて，

$$\begin{aligned}y' &= \left(e^{x^2-x+1}\right)' \\ &= e^{x^2-x+1} \times (x^2-x+1)' \\ &= e^{x^2-x+1} \times (2x-1) \\ &= (2x-1)e^{x^2-x+1}.\end{aligned}$$

もえ (4) はちょとちがうな．

夏子 x と e^x の積だから．

もえ そっか．積の微分法を適用して，

$$\begin{aligned}y' &= (xe^x)' \\ &= (x)'e^x + (e^x)' \cdot x \\ &= 1 \cdot e^x + e^x \cdot x \\ &= (1+x)e^x\end{aligned}$$

となるわけか．

(5) も同じようにやればできそう．

$$y' = (xe^{-2x})'$$
$$= (x)'e^{-2x} + (e^{-2x})' \cdot x$$
$$= 1 \cdot e^{-2x} + (e^{-2x})' \cdot x$$

となって，あれ？ また合成関数の微分かあ．
$$= e^{-2x} + e^{-2x} \cdot (-2x)' \cdot x$$
$$= e^{-2x} + e^{-2x} \cdot (-2) \cdot x$$
$$= (1 - 2x)e^{-2x}.$$

できました．

和尚 正解だ．

●例題1の答

（1） $y' = 2e^{2x}$. 　（2） $y' = -e^{-x}$. 　（3） $y' = (2x-1)e^{x^2-x+1}$.

（4） $y' = (1+x)e^x$. 　（5） $y' = (1-2x)e^{-2x}$.

● e^x のグラフ

和尚 関数 e^x のグラフは図のようになる．

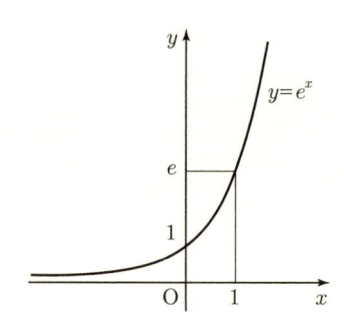

つねに
$$e^x > 0$$
であることに注意しよう．とくに

114

$$e^x \neq 0.$$

関数はつねに増加の状態にあり,さらに「下に凸」になる.また,
$$e^0 = 1, \qquad e^1 = e.$$

●指数法則

和尚 $a > 0$ のとき,次の公式が成り立つ (x, y は任意).
$$a^x \cdot a^y = a^{x+y}, \quad \frac{a^x}{a^y} = a^{x-y}, \quad (a^x)^y = a^{xy}.$$

夏子 「指数法則」ですね.

和尚 とくに,
$$a^{-x} = \frac{1}{a^x}.$$
また,
$$a^{\frac{1}{2}} = \sqrt{a}, \quad a^{\frac{1}{3}} = \sqrt[3]{a}, \quad a^{\frac{1}{4}} = \sqrt[4]{a}, \quad \cdots$$
となる.

もえ ややこしくなってきた!

和尚 たしかにまぎらわしいところがあって,慣れないとまちがえることがあるが,最初はあまり気にしない方がいい.
今日は例題が少なかったが,これくらいにしておこう.2 人とも少し疲れた顔をしているが,大丈夫か?

もえ だいじょうぶです! たぶん.

●宿題 9

(1) 次の関数を微分せよ.

(ア) $y = 2e^x - 3e^{2x} + 1$. (イ) $y = e^{-\frac{x^2}{2}}$. (ウ) $y = \dfrac{e^x}{e^x + e^{-x}}$.

(2) 次の関数を偏微分せよ.
$$z = (x^2 + 3y^2)e^{-x^2 - y^2}.$$

M ホテルのラウンジにて

もえ　ねえねえ，あそこの外国人が夏子の方を見てるよ．こっちに歩いてくるけど，知ってる人？

夏子　あら，オチャメ王国のボヤッキー男爵だわ．

もえ　誰それ？

夏子　ウチのパパのゴルフ友だち．めっちゃおもしろい人よ．去年パパと一緒にオチャメ王国に遊びに行ったでしょ．その時さんざんお世話になったの．

男爵　夏子はん，お久しぶりでおます．こんな所で再会するとはびっくり仰天でんがな．パパはお元気でっか？

夏子　はい，おかげさまで．去年はオチャメ王国でお世話になりました．

男爵　何をおっしゃる！　そやけど京都の夏は暑いでんな．まいりましたわ．なんじゃこれは．

夏子　こちらは神田もえ．同じ大学の商学部1年生で，大の親友なんです．

もえ　神田もえです．はじめまして．

男爵　ボヤッキーだす．お2人で京都見物でっか？

夏子　あたしたち夏休み明けに大学で「微分積分」のテストがあるんですけど，2人とも数学はまったくダメ．そこでこのホテルに泊まりこんで，郊外の微積寺っていうお寺に通って数学の「修行」をしてるとこなんです．

男爵　はあー，青春まっただ中のお2人が数学の修行でっか？　なんちゅうことや．もったいないなあ．

夏子　つらいと言えばつらいんですけど，落第するわけにはいかないので仕方ありません．それに微積寺の和尚さまが面白くてステキな方なので，楽しいこともあるんですよ．

男爵　さよか．そやけど本当は，数学を選択科目にすべきでんな．どうしても必要になったら，それから勉強したらええのや．おそらく一生使いもせんことを，なんでみんなに押し付けなあかんの．世間一般の人間は数学のためにえらいメーワクしとるで．

もえ　おっしゃる通りかもしれません．今こんなに苦労してもし将来何にも役に立たなかったら，それこそ「骨折り損のくたびれもうけ」ですヨ．

男爵　一人一人の「骨折り損」を全員足し合わせたら国家的損失やで．

夏子　なるほど．

男爵　やっぱり，数学を選択科目にするべきや．そやけどお2人ともちょっと疲れてはるんとちゃいますか？　若いゆうても無理したらあきまへんで．すこし栄養補給した方がええ．そや，ここのホテルのレストランで夕食をご馳走しまひょ．

夏子　そんなことしていただいたらパパに怒られます！

男爵　何をおっしゃる．夏子はんのパパには今までどれだけお世話になったかわかりまへんで．遠慮したらあきまへん．そやけど弱ったな．いや実はな．ワシは明日の朝，東京に戻ってしまいますのや．今晩はもう遅いし，どないしょ．そや．ワシの友人で英国の貴族が2人，偶然このMホテルに泊まってまんのや．ホーホケ卿とスットン卿．2人ともワシのゴルフ友達で，夏子はんのパパはよう知ってまっせ．

夏子　ホーホケ卿とスットン卿はゴルフがとてもお上手だとパパから聞いたことがあります．

男爵　さよか．ほな明日の晩はホーホケ卿，あさっての晩はスットン卿が，お2人に夕食をご馳走するように手配しますわ．

夏子　どないしょう．パパが何と言うか・・・

男爵　遠慮したらあきまへん．

夏子　そうですか．それではお言葉に甘えさせていただきます．

男爵　よっしゃ．あとで部屋に電話します．部屋の番号は？　さよか．ほたらひとまず，さいならごめん．

夏子　失礼します．

もえ　失礼しまーす．やったー，超ラッキー！　おいしいもの食べたいなーって思ってたとこなのよー．まさに天からの贈りものだわ．

$\log x$ の微分

●宿題 9 の答　(1) (ア) $y' = 2e^x - 6e^{2x}$.　(イ) $y' = -xe^{-\frac{x^2}{2}}$.

(ウ) $y' = \dfrac{2}{(e^x + e^{-x})^2}$.

(2) $z_x = 2x(1 - x^2 - 3y^2)e^{-x^2-y^2}$,　$z_y = 2y(3 - x^2 - 3y^2)e^{-x^2-y^2}$.

もえ　まだ e^x に慣れてないってゆーか，イマイチぴんと来ないので，宿題の解説をお願いします．

和尚　もえは数Ⅲをやってないから e^x は初めてだろう．最初は難しく感じるのはアタリマエだから，あまり気にすることはない．

まず (1) の (ア) は

$$y = 2e^x - 3e^{2x} + 1$$

だから，例によって

$$y' = (2e^x - 3e^{2x} + 1)'$$
$$= (2e^x)' - (3e^{2x})' + (1)'$$
$$= 2(e^x)' - 3(e^{2x})' + (1)'$$

と計算していく．ここで
$$(e^x)' = e^x, \qquad (1)' = 0$$
となるが，$(e^{2x})'$ は合成関数の微分法を使って，$2x$ を「ある関数」と考えて，
$$(e^{2x})' = e^{2x} \times (2x)'$$
$$= 2e^{2x}$$
となるから，
$$y' = 2(e^x)' - 3(e^{2x})' + (1)'$$
$$= 2e^x - 3 \cdot 2e^{2x} + 0$$
$$= 2e^x - 6e^{2x}$$
となるわけだ．

もえ なるほど．

和尚 (1) の (イ) は
$$y = e^{-\frac{x^2}{2}}$$
だが，この関数は確率・統計の「正規分布」のところで出てくるはずだ．e の肩に乗ってる $-\dfrac{x^2}{2}$ を「ある関数」と考えて合成関数の微分法を適用すると，
$$y' = \left(e^{-\frac{x^2}{2}}\right)'$$
$$= e^{-\frac{x^2}{2}} \times \left(-\frac{x^2}{2}\right)'$$
$$= e^{-\frac{x^2}{2}} \times \left(\left(-\frac{1}{2}\right)x^2\right)'$$
$$= -\frac{1}{2}e^{-\frac{x^2}{2}} \times (x^2)'$$
$$= -\frac{1}{2}e^{-\frac{x^2}{2}} \cdot 2x$$
$$= -xe^{-\frac{x^2}{2}}$$
となる．

もえ 合成関数の微分法は強力ですねえ．

和尚 (1) の (ウ) は

$$y = \frac{e^x}{e^x + e^{-x}}$$

だが，これは商の微分法を使おう．計算していくと

$$(e^{-x})'$$

が出てくるが，これも合成関数の微分で $-x$ を「ある関数」と考えて，

$$(e^{-x})' = e^{-x} \times (-x)'$$
$$= e^{-x} \times (-1)$$
$$= -e^{-x}$$

となるから，

$$y' = \left(\frac{e^x}{e^x + e^{-x}}\right)'$$
$$= \frac{(e^x)' \cdot (e^x + e^{-x}) - (e^x + e^{-x})' \cdot e^x}{(e^x + e^{-x})^2}$$
$$= \frac{e^x(e^x + e^{-x}) - ((e^x)' + (e^{-x})') \cdot e^x}{(e^x + e^{-x})^2}$$
$$= \frac{e^x(e^x + e^{-x}) - (e^x - e^{-x})e^x}{(e^x + e^{-x})^2}.$$

ここで「指数法則」を使うと，

$$e^x \cdot e^x = e^{x+x} = e^{2x},$$
$$e^x \cdot e^{-x} = e^{x-x} = e^0 = 1,$$
$$e^{-x} \cdot e^x = e^{-x+x} = e^0 = 1$$

なので，

$$y' = \frac{e^x \cdot e^x + e^x \cdot e^{-x} - (e^x \cdot e^x - e^{-x} \cdot e^x)}{(e^x + e^{-x})^2}$$
$$= \frac{e^{2x} + 1 - (e^{2x} - 1)}{(e^x + e^{-x})^2}$$
$$= \frac{2}{(e^x + e^{-x})^2}$$

となるのさ．

もえ ウーン難しい．指数法則ですか．

和尚 0乗すると1になる，というのも忘れないように．

夏子 微分経にも書いてありましたね．

和尚 そうだ．次に (2) は
$$z = (x^2 + 3y^2)e^{-x^2-y^2}$$
を偏微分せよ，という問題だ．z_x と z_y を求めよ，ということだ．
まず z_x だが，これは y を定数とみなして z を x で微分するのだから，積の微分法で，
$$\begin{aligned}z_x &= \left((x^2+3y^2)e^{-x^2-y^2}\right)_x \\ &= (x^2+3y^2)_x e^{-x^2-y^2} + \left(e^{-x^2-y^2}\right)_x (x^2+3y^2)\end{aligned}$$
となり，y は定数扱いだから
$$\begin{aligned}(x^2+3y^2)_x &= (x^2)_x + (3y^2)_x \\ &= 2x + 0 \\ &= 2x.\end{aligned}$$
一方
$$\left(e^{-x^2-y^2}\right)_x$$
の方は合成関数の微分法を適用して，$-x^2-y^2$ を「ある関数」と考えて，
$$\begin{aligned}\left(e^{-x^2-y^2}\right)_x &= e^{-x^2-y^2} \cdot (-x^2-y^2)_x \\ &= e^{-x^2-y^2} \cdot \left(-(x^2)_x - (y^2)_x\right) \\ &= e^{-x^2-y^2} \cdot (-2x - 0) \\ &= -2xe^{-x^2-y^2}\end{aligned}$$
と求まる．したがって，
$$\begin{aligned}z_x &= (x^2+3y^2)_x e^{-x^2-y^2} + \left(e^{-x^2-y^2}\right)_x (x^2+3y^2) \\ &= 2xe^{-x^2-y^2} - 2xe^{-x^2-y^2} \cdot (x^2+3y^2) \\ &= 2xe^{-x^2-y^2}\left\{1 - (x^2+3y^2)\right\} \\ &= 2x(1-x^2-3y^2)e^{-x^2-y^2}.\end{aligned}$$
一方 z_y は，やはり積の微分法で
$$\begin{aligned}z_y &= \left((x^2+3y^2)e^{-x^2-y^2}\right)_y \\ &= (x^2+3y^2)_y e^{-x^2-y^2} + \left(e^{-x^2-y^2}\right)_y (x^2+3y^2)\end{aligned}$$
となるが，今度は x が定数扱いだから

$$(x^2 + 3y^2)_y = (x^2)_y + (3y^2)_y$$
$$= 0 + 3(y^2)_y$$
$$= 6y.$$

また,
$$(e^{-x^2-y^2})_y$$
は合成関数の微分法で
$$\left(e^{-x^2-y^2}\right)_y = e^{-x^2-y^2} \cdot (-x^2 - y^2)_y$$
$$= e^{-x^2-y^2} \cdot \left(-(x^2)_y - (y^2)_y\right)$$
$$= e^{-x^2-y^2} \cdot (0 - 2y)$$
$$= -2ye^{-x^2-y^2}$$

となるから,
$$z_y = (x^2 + 3y^2)_y e^{-x^2-y^2} + \left(e^{-x^2-y^2}\right)_y (x^2 + 3y^2)$$
$$= 6ye^{-x^2-y^2} - 2ye^{-x^2-y^2} \cdot (x^2 + 3y^2)$$
$$= 2ye^{-x^2-y^2}\{3 - (x^2 + 3y^2)\}$$
$$= 2y(3 - x^2 - 3y^2)e^{-x^2-y^2}$$

と求まる.

もえ うわあ難しい！　と言うより，メンドクサイですね！

和尚 慣れてしまえばそうでもないさ.

● **自然対数 $\log x$**

和尚 $x > 0$ のとき,
$$x = e^y$$
を満たす y が, x に対してただ 1 つ定まる. この y を
$$\log x \quad (\text{または} \ln x)$$
で表す. すなわち,
$$x = e^{\log x}.$$
$\log x$ を「自然対数」という. 常用対数 $\log_{10} x$ は微積ではあまりもちい

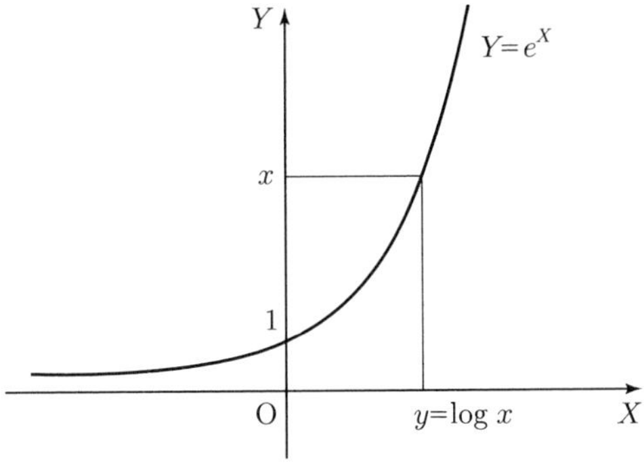

られない．

もえ また新しい記号が出てきましたね．数学記号アレルギーですから，なんだかムズムズしてきました．

和尚 練習問題が自力で解けるという「快感」を早く味わうことだ．そうすればアレルギーは自然に治るさ．

$\log x$ の定義から，次のことがわかる．

$$\log 1 = 0, \quad \log e = 1, \quad \log e^x = x.$$

◉よく使われる公式

和尚 きのう説明した指数法則から，次の公式がみちびかれる．

$A > 0$，$B > 0$ のとき，

$$\log AB = \log A + \log B.$$
$$\log \frac{A}{B} = \log A - \log B.$$
$$\log A^\alpha = \alpha \log A.$$

●例題 1. 関数 $f(x, y)$ を

$$f(x, y) = \frac{\log x}{\log y}$$

で定義するとき，$f(1, 7)$，$f\left(e, \dfrac{1}{e}\right)$，$f(4, 8)$ の値を求めよ．

もえ　また $f(x, y)$ が出てきた！　この記号もやだなあ．

夏子　これって，たとえば $f(1, 7)$ だったら，x のところに 1，y のところに 7 を代入すればいいのよ．

もえ　てことは
$$f(1, 7) = \frac{\log 1}{\log 7}$$
だってこと？

夏子　そう．$\log 1$ は 0 だから，
$$f(1, 7) = \frac{\log 1}{\log 7} = 0.$$

もえ　なるほど．同じように考えて
$$f\left(e, \frac{1}{e}\right) = \frac{\log e}{\log \frac{1}{e}}$$
となるわけね．$\log e$ は 1 で，分母は公式を使って
$$\log \frac{1}{e} = \log 1 - \log e$$
$$= 0 - 1$$
$$= -1$$
となるから，
$$f\left(e, \frac{1}{e}\right) = \frac{\log e}{\log \frac{1}{e}}$$
$$= \frac{1}{-1}$$
$$= -1.$$
なーんだ，簡単じゃん．

次のヤツは
$$f(4, 8) = \frac{\log 4}{\log 8}$$
で，あれれ，なんだこりゃ？

夏子　あ，わかった！
$$4 = 2^2, \qquad 8 = 2^3$$
でしょ？　そやから log の公式を使って，

124

$$f(4,8) = \frac{\log 4}{\log 8}$$
$$= \frac{\log 2^2}{\log 2^3}$$
$$= \frac{2\log 2}{3\log 2}$$
$$= \frac{2}{3}$$

となって，求まりました．

和尚 正解だ．

●例題 1 の答　$f(1,7) = 0$,　$f\left(e, \dfrac{1}{e}\right) = -1$,　$f(4,8) = \dfrac{2}{3}$.

● $\log x$ のグラフ

和尚 関数 $\log x$ のグラフは図のようになる．この関数は $x > 0$ のところでしか定義されていない．グラフは曲線 $y = e^x$ を直線 $y = x$ (45°の線) に関して折り返したものになっている．

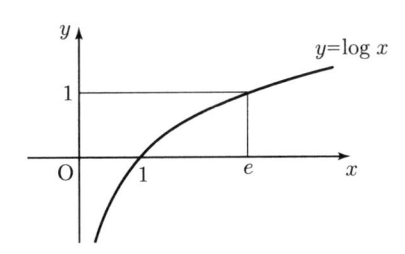

グラフは「上に凸」になる．

● $\log |x|$ のグラフ

和尚 関数 $\log |x|$ のグラフは次の図のようになる．この関数は $x = 0$ では定義されていない．グラフは y 軸に関して対称になる．

関数 $\log |x|$ は 2 つの関数を合わせたものだ．すなわち

$$\log |x| = \begin{cases} \log x & x > 0 \text{ のとき} \\ \log(-x) & x < 0 \text{ のとき} \end{cases}$$

[図: $y=\log|x|$ のグラフ]

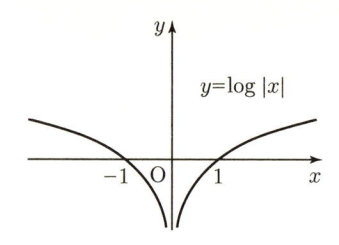

● **微分の公式**

和尚　微分経にはこう書かれている．

　　対数の微分は変数の逆数．

もえ　簡潔ですねえ．覚えやすいわ．
和尚　記号で表すと次の公式になる．
$$(\log x)' = \frac{1}{x}.$$
和尚　微分の公式がもう1つある．すなわち
$$(\log |x|)' = \frac{1}{x}.$$
もえ　キモチわるいなあ．なんで $\log x$ だけじゃダメなんですか？　しかも右辺は同じ．
和尚　もっともな質問だ．$\log x$ だけでダメというわけではないのだが，$\log x$ は $x > 0$ のところでしか定義されていない．一方 $\log |x|$ は $x < 0$ に対しても定義されている．あとで積分の計算をするときに，$\log |x|$ を使った方が便利なのだよ．
もえ　よくわかんないなあ．
和尚　確かに $\log |x|$ というのは初心者にはわかりにくいだろう．くれぐれも
$$\bigl(\log |x|\bigr)' = \frac{1}{|x|}$$
としないように，注意が必要だ．

●例題 2.　次の関数を微分せよ．

（1）　$y = \log|x+1|$．　　（2）　$y = \log(1+e^x)$．　　（3）　$y = x\log x$．

和尚　微分の計算は合成関数の微分が基本だ．

もえ　またですか？

和尚　(1) は $x+1$ を「ある関数」と考えて，
$$\begin{aligned} y' &= \bigl(\log|x+1|\bigr)' \\ &= \bigl(\log|(x+1)|\bigr)' \\ &= \frac{1}{(x+1)} \cdot (x+1)' \\ &= \frac{1}{x+1} \cdot 1 \\ &= \frac{1}{x+1}. \end{aligned}$$

夏子　(2) は $1+e^x$ を「ある関数」と考えると，
$$\begin{aligned} y' &= \bigl(\log(1+e^x)\bigr)' \\ &= \frac{1}{1+e^x} \cdot (1+e^x)' \\ &= \frac{1}{1+e^x} \cdot \bigl((1)' + (e^x)'\bigr) \\ &= \frac{1}{1+e^x} \cdot (0 + e^x) \\ &= \frac{e^x}{1+e^x}. \end{aligned}$$

もえ　(3) は x と $\log x$ の積だから，積の微分法を適用して
$$\begin{aligned} y' &= (x\log x)' \\ &= (x)'\log x + (\log x)' \cdot x \\ &= 1 \cdot \log x + \frac{1}{x} \cdot x \\ &= \log x + 1. \end{aligned}$$

和尚　正解だ．

●例題 2 の答

（1） $y' = \dfrac{1}{x+1}$.　　（2） $y' = \dfrac{e^x}{1+e^x}$.　　（3） $y' = \log x + 1$.

● 対数微分法

和尚　対数微分法と呼ばれる計算技法がある．両辺の対数をとって微分する方法だが，これは例題で説明しよう．

●例題 3.　次の関数を微分せよ．a は定数で，$a > 0$ とする．
$$y = a^x.$$

和尚　両辺の対数をとると，log の公式を使って
$$\log y = \log a^x$$
$$= x \log a$$
$$= (\log a)x$$
となる．これを x で微分すると，$\log a$ は定数だから
$$(\log y)_x = \log a.$$
この式の左辺で y は x の関数だから，y を「ある関数」と考えて合成関数の微分法を適用すると
$$(\log y)_x = \frac{1}{y} \cdot (y)_x = \frac{y'}{y}.$$
したがって
$$\frac{y'}{y} = \log a.$$
両辺に y をかけて
$$y' = y \log a$$
$$= a^x \log a.$$
これで y' が求まった．

もえ　なんだか手品みたい．

●例題 3 の答　$y' = a^x \log a$．

和尚　今日の宿題は少し時間がかかるかもしれないが，計算の練習にはちょうどいいだろう．チャレンジチャレンジ！

●宿題 10

（1）次の関数を微分せよ．

(ア)　$y = x^2 \log x$．　　　　(イ)　$y = \log \left| \dfrac{x-1}{x+1} \right|$．

(ウ)　$y = -\log|\cos x|$．　　(エ)　$y = x^x$．

（2）$z = \log \sqrt{1 + x^2 + y^2}$ のとき，$z_{xx} + z_{yy}$ を計算せよ．

M ホテルの日本料理店にて (ホーホケ卿を「ホ卿」と略記)

夏子　はじめまして．夏川夏子です．

もえ　神田もえです．よろしくお願いします．

ホ卿　拙者は英国のうぐいす谷から参りましたホーホケ卿と申すふつつか者でござる．お2人のことはボヤッキーから聞いております．お若いのに微積分の修行をなさるとは殊勝なこと．だが少しお疲れのようじゃ．今夜はたっぷりと栄養補給をなされませ．

もえ　もう有難いお言葉で涙が出そうになります．いただきます．

夏子　お言葉に甘えて，いただきます．

ホ卿　夏子どののお父上には拙者も大変お世話になった．何かご恩返しができればと考えておったのでちょうど良かったのじゃ．

夏子　ホーホケ卿とスットン卿はゴルフがとてもお上手だと父が申しておりました．

ホ卿　なんの．ボヤッキーのように超下手くそではない，という程度でござる．ところでボヤッキーは数学が大嫌い．何かというと目のカタキにしておる．お2人に何か言うておったかな？

夏子　はい，昨晩も「数学を選択科目にすべきだ」とおっしゃってました．

ホ卿　なるほど．ボヤッキーの言いそうなことじゃ．数学を知らなくても普通の生活に支障はない．お2人にしても，大学を卒業して社会に出てしまえば，数学をまったく使わない可能性の方が高いかもしれませぬ．

もえ　でしたら数学なんかより，もっと実用的なことを勉強した方が良さそうに思えますけど．

ホ卿　それがそう単純でないところが面白いのじゃ．今実用的で役に立つと思っても，10年後，20年後にはどうなっているか皆目わからん．拙者は根っからの文系でござるが，それでも数学の中の「微積分」と「線形代数」ぐらいは学んでおいた方がよいと思いますぞ．「豊かな教養」をあまり軽く考えてはなりませぬ．とくに時代が激しく変化し，世界がどこに行くのかわからない，という時はなおさらでござる．

夏子　直接役に立たなくても間接的に役に立つ，ということでしょうか？

ホ卿　いやいや．役に立つとか立たないとか，あるいは損か得とか，そういう問題ではないのじゃ．教養の大切さということは，お2人の年齢で理解せよという方が無理なのかもしれぬ．歳を重ねるにつれてしみじみ実感することでござろう．

もえ　大学の数学は論理とか証明ばっかりです．チンプンカンプンで意味不明．これが教養になるとはとても思えないんですけど．

ホ卿　教え方がなっておらん．論理や厳密性より，まず「体で覚えること」を優先すべきなのじゃよ．授業と学会発表とがごっちゃになっておる．「学生による授業評価」を活用して，学生がはっきりとダメなものはダメと言えば，多少は改善するかもしれませぬ．

夏子　多少は，ですか？

ホ卿　大学教員のホンネは「研究以外はすべて雑用，授業も雑用，とくに1年生の授業はなるべく手を抜くにかぎる」であるそうじゃ．されば，これを抜本的に変革するのは，残念ながら容易なことではござらぬ．

● 第十一話

不定積分

●宿題 10 の答　（ 1 ）（ア）$y' = 2x \log x + x$.　　（イ）$y' = \dfrac{2}{(x-1)(x+1)}$.
（ウ）$y' = \tan x$.　　（エ）$y' = x^x(1 + \log x)$.
（ 2 ）$z_{zz} + z_{yy} = \dfrac{2}{(1 + x^2 + y^2)^2}$.

夏子　宿題難しかったです．答は合ってましたけど，解説をお願いします．
和尚　わかった．まず (1) の (ア) は積の微分法で
$$y' = (x^2 \log x)'$$
$$= (x^2)' \log x + (\log x)' \cdot x^2$$
$$= 2x \log x + \frac{1}{x} \cdot x^2$$
$$= 2x \log x + x.$$
(イ) は log の公式を使って
$$\log \left| \frac{x-1}{x+1} \right| = \log \frac{|x-1|}{|x+1|}$$
$$= \log |x-1| - \log |x+1|$$

としておいてから微分すると，

$$\begin{aligned}
y' &= \bigl(\log|x-1| - \log|x+1|\bigr)' \\
&= \bigl(\log|x-1|\bigr)' - \bigl(\log|x+1|\bigr)' \\
&= \frac{1}{x-1} \cdot (x-1)' - \frac{1}{x+1} \cdot (x+1)' \\
&= \frac{1}{x-1} - \frac{1}{x+1} \\
&= \frac{x+1-(x-1)}{(x-1)(x+1)} \\
&= \frac{2}{(x-1)(x+1)}.
\end{aligned}$$

夏子 最初に公式を使って変形しておいてから微分するんですね．微分する時は合成関数の微分ですね．

和尚 その通り．次に (ウ) は，$\cos x$ を「ある関数」と考えて合成関数の微分を適用すると，

$$\begin{aligned}
y' &= \bigl(-\log|\cos x|\bigr)' \\
&= -\bigl(\log|\cos x|\bigr)' \\
&= -\frac{1}{\cos x} \cdot (\cos x)' \\
&= -\frac{1}{\cos x} \cdot (-\sin x) \\
&= \frac{\sin x}{\cos x} \\
&= \tan x.
\end{aligned}$$

夏子 (エ) は対数微分法ですか？

和尚 そうだ．

$$y = x^x$$

の両辺の対数をとると，公式

$$\log A^\alpha = \alpha \log A$$

を適用して，

$$\log y = x \log x.$$

これを x で微分すると，左辺は合成関数の微分 (y を「ある関数」と考える)，右辺は積の微分を用いて，

$$\frac{1}{y} \cdot y' = (x)' \log x + (\log x)' \cdot x$$
$$= 1 \cdot \log x + \frac{1}{x} \cdot x$$
$$= \log x + 1.$$

両辺に y をかけて,
$$y' = y(1 + \log x)$$
$$= x^x (1 + \log x)$$

と求まる.

もえ (2) はややこしくて，途中でギブアップでした．

和尚 まず
$$z = \log \sqrt{1 + x^2 + y^2}$$
の右辺を，公式
$$\log A^\alpha = \alpha \log A$$
を使って変形しておくと，計算が楽になる．ルートは $\frac{1}{2}$ 乗だから,
$$z = \log \sqrt{1 + x^2 + y^2}$$
$$= \log(1 + x^2 + y^2)^{\frac{1}{2}}$$
$$= \frac{1}{2} \log(1 + x^2 + y^2)$$

となるのだ.

もえ なーるほど.

和尚 z_{xx} は一ぺんには求まらないから，まず z_x を求める．z_x というのは，y を定数とみなして z を x で微分したものだから，合成関数の微分 ($(1 + x^2 + y^2)$ を「ある関数」と考える) を適用して,

$$z_x = \frac{1}{2} \big(\log(1 + x^2 + y^2) \big)_x$$
$$= \frac{1}{2} \cdot \frac{1}{1 + x^2 + y^2} \cdot (1 + x^2 + y^2)_x$$
$$= \frac{1}{2} \cdot \frac{1}{1 + x^2 + y^2} \cdot \big((1)_x + (x^2)_x + (y^2)_x \big)$$
$$= \frac{1}{2} \cdot \frac{1}{1 + x^2 + y^2} \cdot (0 + 2x + 0)$$
$$= \frac{x}{1 + x^2 + y^2}$$

となる．z_y は，x を定数とみなして z を y で微分したものだから，合成関数の微分法により，

$$\begin{aligned}z_y &= \frac{1}{2}\bigl(\log(1+x^2+y^2)\bigr)_y \\ &= \frac{1}{2} \cdot \frac{1}{1+x^2+y^2} \cdot (1+x^2+y^2)_y \\ &= \frac{1}{2} \cdot \frac{1}{1+x^2+y^2} \cdot \bigl((1+x^2)_y + (y^2)_y\bigr) \\ &= \frac{1}{2} \cdot \frac{1}{1+x^2+y^2} \cdot (0+2y) \\ &= \frac{y}{1+x^2+y^2}\end{aligned}$$

となる．

もえ そっか．最初に関数を変形しておくと，計算が簡単になるんですね．

和尚 z_{xx} は z_x の式をもう一度 x で偏微分して，商の微分法により，

$$\begin{aligned}z_{xx} &= (z_x)_x \\ &= \left(\frac{x}{1+x^2+y^2}\right)_x \\ &= \frac{(x)_x(1+x^2+y^2) - (1+x^2+y^2)_x \cdot x}{(1+x^2+y^2)^2} \\ &= \frac{1+x^2+y^2 - 2x \cdot x}{(1+x^2+y^2)^2} \\ &= \frac{1-x^2+y^2}{(1+x^2+y^2)^2}.\end{aligned}$$

z_{yy} は z_y の式をもう一度 y で偏微分して求める．商の微分法により，

$$\begin{aligned}z_{yy} &= (z_y)_y \\ &= \left(\frac{y}{1+x^2+y^2}\right)_y \\ &= \frac{(y)_y(1+x^2+y^2) - (1+x^2+y^2)_y \cdot y}{(1+x^2+y^2)^2} \\ &= \frac{1+x^2+y^2 - 2y \cdot y}{(1+x^2+y^2)^2} \\ &= \frac{1+x^2-y^2}{(1+x^2+y^2)^2}.\end{aligned}$$

したがって，

$$z_{xx} + z_{yy} = \frac{1-x^2+y^2}{(1+x^2+y^2)^2} + \frac{1+x^2-y^2}{(1+x^2+y^2)^2}$$
$$= \frac{2}{(1+x^2+y^2)^2}$$

と求まる．

もえ ウーン難しい．と言うより計算がメンドクサイ！

和尚 計算をバカにしちゃいかんぞ．めんどくさがらずに計算をやっていると，知らず知らず実力が付いていくものだ．理屈よりもまず体で覚えることが大切だ．

● 不定積分

和尚 微分すると $f(x)$ になる関数を「$f(x)$ の不定積分」といい，
$$\int f(x)\,dx$$
という記号で表す．不定積分を求めることを「積分する」という．

もえ 出たー！ あたしのキライなインテグラルだ．なんでこんなへんてこな記号なんですか？

和尚 それを説明するのはまだ早い．

定数を微分すると 0 になるが，逆に，微分して 0 になる関数は定数に限る (接線の傾きがどの点でも 0 だから)．したがって，$f(x)$ の 2 つの不定積分の差は定数である (微分すると $f(x) - f(x) = 0$ となるから)．$F(x)$ を $f(x)$ の 1 つの不定積分とすると，$f(x)$ の任意の (すべての) 不定積分は
$$\int f(x)\,dx = F(x) + C \qquad (C \text{ は定数})$$
と表される．C を「積分定数」という．たとえば，
$$\left(\frac{1}{2}x^2\right)' = \frac{1}{2}(x^2)'$$
$$= \frac{1}{2} \cdot 2x$$
$$= x$$
だから，
$$\int x\,dx = \frac{1}{2}x^2 + C$$

となる．

●計算の基本

和尚　これから積分の計算法を説明していくが，微分経にはこう書かれている．

　　積分の計算は，公式を丸暗記してはダメ．

和尚　さらに微分経には続けてこう書かれている．

　　不定積分を求めるには，微分してその関数になりそうなものをヤマカンで探して微分してみよ．定数倍の違いはあとで調整できる．

和尚　これが計算の基本だ．
もえ　えー？　ヤマカンが基本なんですか？
和尚　その通り．それでうまくいかないときは別の技法を用いる．
　　例題で説明しよう．

●例題 1.　不定積分を求めよ．

(1)　$\int x^2\, dx$　　　(2)　$\int \dfrac{1}{\sqrt{x}}\, dx$　　　(3)　$\int \sin x\, dx$

(4)　$\int e^{2x}\, dx$　　　(5)　$\int \dfrac{1}{3x-1}\, dx$

和尚　まず (1) だが，x^2 の不定積分を求めようというとき，公式を見ちゃダメなのだ．
もえ　えー，どうしてですか？
和尚　公式を探すのではなく，微分して x^2 になりそうな関数をヤマカンで見つけるのだ．
もえ　そんなことできませんよー！

和尚　最初は時間がかかる．しかし慣れてくると，信じられないくらい短時間でできるようになる．

いろいろな関数を頭の中で微分してみると，x^3 がアヤシイとひらめくだろう．そこで x^3 を微分してみると，
$$(x^3)' = 3x^2$$
となって，問題の x^2 とは 3 という定数倍だけちがう．これはもうほとんどできたようなものなのだ．微分経にある通り，定数倍の違いはあとで調整できる．
$$(x^3)' = 3x^2$$
となって，$3x^2$ の 3 がジャマなのだが，これを消すためには最初に $\frac{1}{3}$ をかけておけばよいのだ．すなわち，
$$\left(\frac{1}{3}x^3\right)' = \frac{1}{3}(x^3)' = \frac{1}{3} \cdot 3x^2 = x^2.$$
したがって
$$\int x^2 \, dx = \frac{1}{3}x^3 + C.$$
C は積分定数を表す．

夏子　なるほど．なんとなくわかってきました．

和尚　(2) は $\frac{1}{\sqrt{x}}$ の不定積分だが，今まで学んだいろいろな関数を頭の中で微分してみると，$\sqrt{x}$ がアヤシイとひらめくだろう．そこで $\sqrt{x}$ を微分してみると，
$$\begin{aligned}(\sqrt{x})' &= (x^{\frac{1}{2}})' \\ &= \frac{1}{2}x^{\frac{1}{2}-1} \\ &= \frac{1}{2}x^{-\frac{1}{2}} \\ &= \frac{1}{2} \cdot \frac{1}{x^{\frac{1}{2}}} \\ &= \frac{1}{2} \cdot \frac{1}{\sqrt{x}}\end{aligned}$$
となるから，ジャマな $\frac{1}{2}$ を消すためには最初に 2 をかけておけばよい．したがって

$$\int \frac{1}{\sqrt{x}}\,dx = 2\sqrt{x} + C.$$

もえ でも $\sqrt{x}$ がひらめかなかったらどうするんですか？

和尚 いろんな関数をめんどくさがらずに微分してやればいつかはひらめくはずだから，あまり心配しない方がいい．

(3) は $\sin x$ の不定積分だが，$\cos x$ がアヤシイから微分してみると，
$$(\cos x)' = -\sin x.$$
マイナスがジャマだから，最初にマイナスをつけておけばよい．すなわち
$$\int \sin x\,dx = -\cos x + C.$$

夏子 (4) は e^{2x} の不定積分ですが，e^{2x} がアヤシイですね．微分してみると
$$(e^{2x})' = e^{2x} \cdot (2x)'$$
$$= 2e^{2x}$$
となって定数倍の 2 がジャマだから，最初に $\frac{1}{2}$ をかけておけばよい，ですよね？

和尚 その通りだ．

夏子 てことは，
$$\int e^{2x}\,dx = \frac{1}{2}e^{2x} + C.$$

もえ そっかー．すると (5) は $\frac{1}{3x-1}$ の不定積分だから，逆数だから log がアヤシイな．$\log|3x-1|$ を微分してみると，合成関数の微分で
$$\bigl(\log|3x-1|\bigr)' = \frac{1}{3x-1} \cdot (3x-1)'$$
$$= \frac{3}{3x-1}.$$
分子の 3 がジャマだから，これを消すには最初に $\frac{1}{3}$ をかけて，
$$\int \frac{1}{3x-1}\,dx = \frac{1}{3}\log|3x-1| + C.$$

和尚 正解だ．

●例題 1 の答　(C はいずれも積分定数).

（1）$\displaystyle \int x^2\,dx = \frac{1}{3}x^3 + C.$ 　　　（2）$\displaystyle \int \frac{1}{\sqrt{x}}\,dx = 2\sqrt{x} + C.$

（3）$\displaystyle \int \sin x\,dx = -\cos x + C.$ 　　　（4）$\displaystyle \int e^{2x}\,dx = \frac{1}{2}e^{2x} + C.$

（5）$\displaystyle \int \frac{1}{3x-1}\,dx = \frac{1}{3}\log|3x-1| + C.$

● もう少し複雑なケース

和尚　微分経にはこう書かれている．

> 和の不定積分は不定積分の和．
>
> 差の不定積分は不定積分の差．
>
> 定数倍は不定積分の外にくくり出せる．

和尚　記号で表すと次の公式になる．

$$\int \bigl(f(x)+g(x)\bigr)\,dx = \int f(x)\,dx + \int g(x)\,dx.$$
$$\int \bigl(f(x)-g(x)\bigr)\,dx = \int f(x)\,dx - \int g(x)\,dx.$$
$$\int k f(x)\,dx = k \int f(x)\,dx. \quad (k\text{ は定数})$$

●例題 2．　不定積分を求めよ．

（1）$\displaystyle \int (x^3 + x - 2)\,dx$ 　　　（2）$\displaystyle \int (5\sin x - \cos x)\,dx$

和尚　これはワシがやっておこう．上の公式を用いて，

$$\int (x^3+x-2)\,dx = \int x^3\,dx + \int x\,dx - 2\int 1\,dx$$
$$= \frac{1}{4}x^4 + \frac{1}{2}x^2 - 2x + C.$$

$$\int (5\sin x - \cos x)\,dx = 5\int \sin x\,dx - \int \cos x\,dx$$
$$= 5(-\cos x) - \sin x + C$$
$$= -5\cos x - \sin x + C.$$

積分記号 $\int$ がすべて消えた段階で積分定数 C をつけるのだ．

●例題 2 の答　(C はいずれも積分定数)．

(1)　$\int (x^3 + x - 2)\,dx = \dfrac{1}{4}x^4 + \dfrac{1}{2}x^2 - 2x + C.$

(2)　$\int (5\sin x - \cos x)\,dx = -5\cos x - \sin x + C.$

◉ 部分積分法

和尚　積分の計算には「こうすれば必ずできる」という便利な方法が無い．基本的にヤマカンの世界なのだ．やってみなくちゃわからない，というところがある．それが逆におもしろいのだ．だからハマってしまうと，微分の計算よりよっぽど面白いぞ．

もえ　そうですかあ．あたしは数学記号アレルギーだから積分記号を見ただけで寒気がしますけど．

和尚　部分積分法というテクニックを説明しよう．これは最初「なんだこりゃ」という感じで難しいかもしれないが，ある種の関数を積分する時に役に立つ技法だ．

$F'(x) = f(x)$ のとき，
$$\int f(x)g(x)\,dx = F(x)g(x) - \int F(x)g'(x)\,dx.$$

もえ　うわあ，なんですかコレ？　頭がクラクラしてきた！

和尚　積の微分法の逆に相当するものだ．
　　関数 $F(x)g(x)$ に積の微分法を適用とすると，$F'(x) = f(x)$ より，
$$(F(x)g(x))' = F'(x)g(x) + g'(x)F(x)$$

$$= f(x)g(x) + F(x)g'(x).$$

両辺を積分すると，
$$F(x)g(x) = \int f(x)g(x)\,dx + \int F(x)g'(x)\,dx.$$
したがって，
$$\int f(x)g(x)\,dx = F(x)g(x) - \int F(x)g'(x)\,dx.$$
これが部分積分法の公式だ．

夏子 どういうケースで使うんですか？

和尚 2つの関数の積になっているものを積分するとき，1つを先に積分する ($f(x) \longrightarrow F(x)$)，という感じかな．ただし $F(x)g'(x)$ がうまく積分できるかどうかがポイントだ．

もえ うわあ難しそう！

●**例題 3.** 不定積分を求めよ．

(1) $\displaystyle\int x\cos x\,dx$ （2） $\displaystyle\int x\log x\,dx$

和尚 まず (1) だが，x がジャマだからこれを何とかしたい．
$$(x)' = 1$$
なので，そのことに注目して $\cos x$ の方を先に積分すると，$(\sin x)' = \cos x$ より，
$$\begin{aligned}
\int x\cos x\,dx &= \int (\cos x)\cdot x\,dx \\
&= (\sin x)\cdot x - \int (\sin x)(x)'\,dx \\
&= x\sin x - \int \sin x\,dx \\
&= x\sin x - (-\cos x) + C \\
&= x\sin x + \cos x + C
\end{aligned}$$
と求まる．積分記号 $\displaystyle\int$ が消えた段階で積分定数 C を付けた．

夏子 なんだか手品みたいですね．

和尚 次に (2) だが，今度は $\log x$ がジャマなのでこれを何とかしたい．
$$(\log x)' = \frac{1}{x}$$
であることに注目して x を先に積分すると，
$$\left(\frac{1}{2}x^2\right)' = x$$
だから，
$$\begin{aligned}
\int x \log x \, dx &= \left(\frac{1}{2}x^2\right) \log x - \int \left(\frac{1}{2}x^2\right)(\log x)' \, dx \\
&= \frac{1}{2}x^2 \log x - \frac{1}{2} \int x^2 \cdot \frac{1}{x} \, dx \\
&= \frac{1}{2}x^2 \log x - \frac{1}{2} \int x \, dx \\
&= \frac{1}{2}x^2 \log x - \frac{1}{2}\left(\frac{1}{2}x^2\right) + C \\
&= \frac{1}{2}x^2 \log x - \frac{1}{4}x^2 + C
\end{aligned}$$
と求まる．

もえ ウーン，ムズカシイなあ！

●例題 3 の答　(C はいずれも積分定数)．

(1)　$\displaystyle\int x \cos x \, dx = x \sin x + \cos x + C.$

(2)　$\displaystyle\int x \log x \, dx = \frac{1}{2}x^2 \log x - \frac{1}{4}x^2 + C.$

和尚 今日の宿題だが，積分はまだ慣れていないから，時間をかけてゆっくりあせらずやるといい．

● 宿題 11

不定積分を求めよ．

(1) $\int x^{10}\,dx$ (2) $\int \dfrac{1}{x^2}\,dx$ (3) $\int \sin 5x\,dx$

(4) $\int \left(x^2 + \dfrac{2}{5}x - \dfrac{1}{2}\right)dx$ (5) $\int \log x\,dx$

M ホテルの中国料理店にて (スットン卿を「ス卿」と略記)

ス卿 夏子サンともえサンのことはボヤッキーとホーホケ卿からくわしく聞きマシタ．お若いのに数学の修行をなさるとはホントに感心デス．みんな応援してますヨ．今晩は栄養補給して疲れを取りマショウ．どうぞ召しアガレ．

夏子 どうもありがとうございます．いただきます．

もえ いただきます．

ス卿 外国ではセレブの間で数学を勉強することが流行ってるようですヨ．脳の活性化に最適で，心も身体も若返るのだそうデス．ボヤッキーの奥方が線形代数を始めて，その影響でボヤッキーが，さらにそのとばっちりでワタシも線形代数をちょっとばかりかじりマシタ．逆行列の計算など，ナカナカ面白くて楽しいデス！

もえ 高校も大学も，数学の授業はちっとも楽しくありません．

夏子 数学だけじゃなくて，授業が「楽しい」と思ったことはあんまり無かったような気がします．

ス卿 日本の高等教育，楽しさが欠けてマス！　専門家はとかく自分の専門分野を「聖域」と位置付け，シロウトが容易に入って来られないようにしがちのデス．その方が余計なノイズを遮断して居心地がいいのデショウ．しかし，学問は一部の専門家の所有物ではアリマセン！　彼等は「学問は苦しいものだ」と言わんばかりデショウ．でも学問の楽しさを否定スルト，そのことが一般の人々を学問から遠ざけ，教養レベルを著しく低下させてしまいマス．これは大問題ですヨ！

夏子　才能や資質が無くても楽しめるでしょうか？

ス卿　スポーツを考えてご覧ナサイ．野球にはプロ野球だけでなく「草野球」も「三角ベース」もあって，みんな楽しんでいるデショウ．ところが学問の世界になると専門家が「草野球」や「三角ベース」を認めようとしないのデス．ボヤッキーはゴルフが超下手くそなくせに悪運だけでホールインワンをやったりして，心からゴルフを楽しんでイマス．プロは苦しい思いをしますが，アマチュアは才能があっても無くても，みんなスポーツを楽しんでいますヨ．

もえ　才能が無くたって楽しむことはできるってことですね．たしかに微積寺の和尚さまに微積を習うようになってから，なんとなく「微積って楽しいかも」って思えるようになって，無意識に

　　　　　　　　♪ビブンセキブン，いい気分♪

なーんて歌が口から出てきて自分でもびっくりすることがあります．

ス卿　大学の先生がみんな和尚サンみたいな人だったらいいのデスガ，実際は，学生を自分の研究のために利用することしか考えてない人も多いみたいデスネ．

もえ　そうかー．ヒデーヨもそうなのかなあ．

ス卿　なんですかソレ？

144

● 第十二話

定積分

●宿題 11 の答　(C はいずれも積分定数).

(1)　$\displaystyle\int x^{10}\,dx = \frac{1}{11}x^{11} + C.$　　　(2)　$\displaystyle\int \frac{1}{x^2}\,dx = -\frac{1}{x} + C.$

(3)　$\displaystyle\int \sin 5x\,dx = -\frac{1}{5}\cos 5x + C.$

(4)　$\displaystyle\int \left(x^2 + \frac{2}{5}x - \frac{1}{2}\right) dx = \frac{1}{3}x^3 + \frac{1}{5}x^2 - \frac{1}{2}x + C.$

(5)　$\displaystyle\int \log x\,dx = x\log x - x + C.$

もえ　宿題の (1) から (4) までは「ヤマカン方式」でなんとかできたんですけど，(5) はわかりませんでした．

和尚　ヒントが無いと (5) は難しかったかもしれない．積分の中の $\log x$ がジャマで，これを何とかしたいのだが，そこで

$$\log x = 1 \cdot \log x$$

と考える．

もえ 部分積分法ですか？

和尚 その通り．1を先に積分すると，
$$(x)' = 1$$
だから，
$$\begin{aligned}\int \log x \, dx &= \int 1 \cdot \log x \, dx \\ &= x \log x - \int x (\log x)' \, dx \\ &= x \log x - \int x \cdot \frac{1}{x} \, dx \\ &= x \log x - \int 1 \, dx \\ &= x \log x - x + C\end{aligned}$$
と求まる．

もえ なーるほど，そうか！

和尚 ちなみに1の積分は1を省略して
$$\int 1 \, dx = \int dx$$
と書くことが多い．

●定積分

和尚 $f(x)$ の不定積分の1つを $F(x)$ とする (すなわち，$F'(x) = f(x)$)．定数 a, b に対して，$F(b) - F(a)$ (これは不定積分 $F(x)$ のとり方によらず一定になる) のことを，「$f(x)$ の a から b までの定積分」といい，
$$\int_a^b f(x) \, dx$$
で表す．$F(b) - F(a)$ を記号
$$\bigl[F(x)\bigr]_a^b$$
で表す．したがって
$$\begin{aligned}\int_a^b f(x) \, dx &= \bigl[F(x)\bigr]_a^b \\ &= F(b) - F(a).\end{aligned}$$

もえ また記号が出てきた．やだなあ，覚えられませんよ．

和尚　慣れれば平気．心配するな．

　　　話が前後してしまったが，微分経にはこう書かれている．

定積分には前提条件がある．

和尚　定積分

$$\int_a^b f(x)\,dx$$

を考えるときは前提条件があるのだ．それは，積分する区間 (両端をふくむ) で関数 $f(x)$ のグラフがつながっている (切れていない) という条件だ．これが満たされていないときは，そもそも定積分が定義されない．たとえば，関数

$$f(x) = \frac{1}{x^2}$$

のグラフは $x=0$ で切れているので，定積分の積分区間に 0 が入っちゃうとマズイ．

$$\int_{-1}^1 \frac{1}{x^2}\,dx,\quad \int_0^2 \frac{1}{x^2}\,dx,\quad \int_{-1}^0 \frac{1}{x^2}\,dx$$

などはいずれも定義されないのだ．

実際の計算でこういうケースに遭遇することはめったにないからあまり神経質になる必要はないが，念のため注意しておこう．

ここから先は微分経がボロボロで判読できない．微分経とはここでお別れということになる．

もえ　残念だなあ．頼りにしてたのに．微分経サマサマですよ，ホントに．

●例題1．　定積分の値を求めよ．

(1) $\displaystyle\int_{-1}^1 x^2\,dx$　　　(2) $\displaystyle\int_1^2 \frac{1}{x}\,dx$

夏子　あんまり自信ないけどやってみますね．

(1) は x^2 の不定積分をさがすと，

$$(x^3)' = 3x^2$$

だから 3 で割っておいて

$$\left(\frac{1}{3}x^3\right)' = x^2.$$

不定積分が求まったので，

$$\int_{-1}^{1} x^2 \, dx = \left[\frac{1}{3}x^3\right]_{-1}^{1}$$
$$= \frac{1}{3} \cdot 1^3 - \frac{1}{3} \cdot (-1)^3$$
$$= \frac{1}{3} + \frac{1}{3}$$
$$= \frac{2}{3}.$$

(2) は $\log|x|$ が不定積分なので，

$$\int_{1}^{2} \frac{1}{x} \, dx = \bigl[\log|x|\bigr]_{1}^{2}$$
$$= \log|2| - \log|1|$$
$$= \log 2 - \log 1$$
$$= \log 2 - 0$$
$$= \log 2.$$

できました．

和尚　正解だ．

●例題 1 の答　（1）$\displaystyle\int_{-1}^{1} x^2 \, dx = \frac{2}{3}.$　　（2）$\displaystyle\int_{1}^{2} \frac{1}{x} \, dx = \log 2.$

● 定積分の公式

和尚　公式を列挙しておこう．

$$\int_{a}^{a} f(x) \, dx = 0.$$

$$\int_{a}^{b} f(x) \, dx = -\int_{b}^{a} f(x) \, dx.$$

$$\int_{a}^{b} f(x) \, dx = \int_{a}^{c} f(x) \, dx + \int_{c}^{b} f(x) \, dx.$$

$$\int_a^b \bigl(f(x)+g(x)\bigr)\,dx = \int_a^b f(x)\,dx + \int_a^b g(x)\,dx.$$

$$\int_a^b \bigl(f(x)-g(x)\bigr)\,dx = \int_a^b f(x)\,dx - \int_a^b g(x)\,dx.$$

$$\int_a^b k f(x)\,dx = k\int_a^b f(x)\,dx. \quad (k \text{ は定数})$$

$$\left(\int_a^x f(t)\,dt\right)_x = f(x).$$

● 定積分と面積

和尚 定積分の記号

$$\int_a^b f(x)\,dx$$

だが，もえは「数学記号アレルギー」だそうだから，こういうのを見るとキモチわるいだろう．

もえ もー，「じんましん」が出そうです！　なんでこんなへんてこな記号なのか，第一，いちばんうしろの dx なんていちいち付けなくてもいいじゃないですか．

和尚 その疑問はもっともだ．dx が付いているのはちゃんとした理由がある．それを説明する前に 1 つ注意をしておくと，定積分の中に出てくる変数 x は，x でなくても，t でも u でも何でもよい．すなわち，

$$\int_a^b f(x)\,dx = \int_a^b f(t)\,dt = \int_a^b f(u)\,du.$$

これは定積分の定義から明らかだろう．

さて，定積分

$$\int_a^b f(x)\,dx$$

の記号の意味を説明しよう．

まず，最初の

$$\int$$

だが，これは $\sum$ と同じように「和の記号」で，「足し合わせる」という

意味だ.
$$\int_a^b$$
は,「a から b まで足し合わせる」という意味になる.
その右側の
$$f(x)\,dx$$
は, $f(x)$ と dx の積
$$f(x) \times dx$$
を表す. すなわち.

$$\int_a^b f(x)\,dx = f(x) \text{ に } dx \text{ をかけ, } x \text{ について } a \text{ から } b \text{ まで} \\ \text{足し合わせたもの}.$$

もえ　それで dx がくっついてるんですね. なるほど. すこし納得しました.
夏子　dx って何ですか？
和尚　dx は x のごくごく小さな「増分」と考えたらいい. ただし $dx > 0$ とする. 今, $f(x) > 0$ であるとしよう. すると
$$f(x) \times dx$$
は, 図のような (1 本の線のように) 細長い長方形の面積になる.

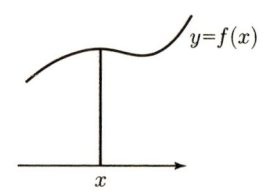

それを (x について a から b まで) 足し合わせるのだから, 次の図の濃い部分の面積 (x 軸, 直線 $x = a$, 直線 $x = b$, 曲線 $y = f(x)$ で囲まれる部分の面積) が
$$\int_a^b f(x)\,dx$$
になる.

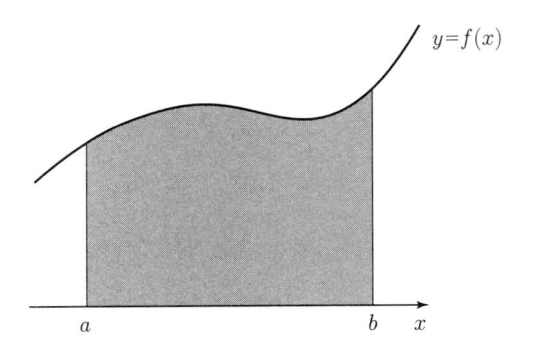

夏子　高校の数学で習いました．定積分
$$\left[F(x)\right]_a^b$$
の値がその面積に等しくなることの「証明」も付いてました，たぶん．

和尚　一般には，つねに $f(x) > 0$ とは限らない．$f(x) < 0$ のときは，
$$f(x) \times dx$$
は図の細長い長方形の面積にマイナスをつけたものになる．

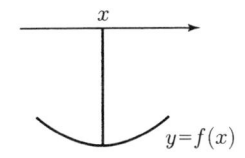

したがって一般には，
$$\int_a^b f(x)\,dx$$
は，x 軸の上に出た部分の面積から x 軸の下に出た部分の面積を引いたものになる．

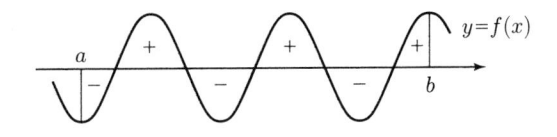

夏子　あ，そっかー．なんとなく「定積分は面積」っていうイメージがあったので，定積分の値はマイナスにはならないかと思ってました．

和尚 よくある「かんちがい」だ.

今の話は $a < b$ という前提があったが, $a = b$ のときは
$$\int_a^a f(x)\,dx = 0.$$
また $a > b$ のときは
$$\int_a^b f(x)\,dx = -\int_b^a f(x)\,dx.$$
定積分
$$\int_a^b f(x)\,dx$$
は $a \geqq b$ のときにも定義されることを, 念のために注意しておこう.

● 定積分の部分積分法

和尚 部分積分法という技法についてはきのう説明したが, 定積分に適用すると次の公式になる.

$F'(x) = f(x)$ のとき,
$$\int_a^b f(x)g(x)\,dx = \bigl[F(x)g(x)\bigr]_a^b - \int_a^b F(x)g'(x)\,dx.$$

和尚 不定積分のときと同じように, 積分する関数が2つの関数の積
$$f(x) \times g(x)$$
になっているとして, そのうちの1つ (ここでは $f(x)$) を先に積分する, という技法だ. もう1つの関数 $g(x)$ を微分した $g'(x)$ が右辺の積分の中に出てくるので, そこがポイントだ.

● **例題 2.** 定積分の値を求めよ.
$$\int_0^{\pi/3} x \sin x\,dx$$

もえ きのうの不定積分の例題と同じようにやればできそうだわ．積分の中の x がジャマなんだけど，これは微分すると 1 になって消えるから，逆にもう 1 つの $\sin x$ を先に積分すると，

$$\begin{aligned}
\int_0^{\pi/3} x \sin x \, dx &= \int_0^{\pi/3} (\sin x) \cdot x \, dx \\
&= \left[(-\cos x) \cdot x \right]_0^{\pi/3} - \int_0^{\pi/3} (-\cos x) \cdot (x)' \, dx \\
&= \left(-\cos \frac{\pi}{3} \right) \cdot \frac{\pi}{3} + \int_0^{\pi/3} \cos x \, dx \\
&= \left(-\cos \frac{\pi}{3} \right) \cdot \frac{\pi}{3} + \left[\sin x \right]_0^{\pi/3} \\
&= \left(-\cos \frac{\pi}{3} \right) \cdot \frac{\pi}{3} + \sin \frac{\pi}{3}
\end{aligned}$$

となるでしょ．えーと，$\dfrac{\pi}{3}$ は $60°$ だから，例の直角三角形を考えて，

$$\sin \frac{\pi}{3} = \frac{\sqrt{3}}{2}, \qquad \cos \frac{\pi}{3} = \frac{1}{2}.$$

てことは，

$$\begin{aligned}
\int_0^{\pi/3} x \sin x \, dx &= \left(-\cos \frac{\pi}{3} \right) \cdot \frac{\pi}{3} + \sin \frac{\pi}{3} \\
&= \left(-\frac{1}{2} \right) \cdot \frac{\pi}{3} + \frac{\sqrt{3}}{2} \\
&= \frac{\sqrt{3}}{2} - \frac{\pi}{6}.
\end{aligned}$$

できました！

和尚 正解だ！

●例題 2 の答　$\displaystyle \int_0^{\pi/3} x \sin x \, dx = \frac{\sqrt{3}}{2} - \frac{\pi}{6}.$

和尚 今日の宿題も積分の計算だが，慣れないうちはどうしても時間がかかるからあせっちゃダメだぞ．

●宿題 12

定積分の値を求めよ．

（1） $\displaystyle\int_0^2 x^4\,dx$ 　　（2） $\displaystyle\int_{-1}^1 (x^2-x-1)\,dx$

（3） $\displaystyle\int_0^{\log 2} e^{3x}\,dx$ 　　（4） $\displaystyle\int_0^{\log 2} xe^x\,dx$ 　　（5） $\displaystyle\int_1^e x^2\log x\,dx$

M ホテルのラウンジにて

夏子 今日は宿題におまけが付いてるよ．
もえ 久しぶりじゃん．どれどれ．

(おまけのクイズ)
（1） チューインガムが逆になっている大学はどこか？
（2） おじさんがお酒をのめない大学はどこか？

もえ また「大学名クイズ」かあ．和尚さんもこりないなあ．しかも2題もあるよ．
夏子 一段とパワーアップして，めっちゃ難しそう！
もえ 解けないとシャクだからついつい考えちゃうのよねえ．また今晩も眠れなくなっちゃうよ．

●第十三話

微分を表す記号 dy/dx

●宿題 12 の答

(1) $\displaystyle\int_0^2 x^4 dx = \frac{32}{5}$.

(2) $\displaystyle\int_{-1}^1 (x^2 - x - 1)\, dx = -\frac{4}{3}$.

(3) $\displaystyle\int_0^{\log 2} e^{3x}\, dx = \frac{7}{3}$.

(4) $\displaystyle\int_0^{\log 2} xe^x\, dx = 2\log 2 - 1$.

(5) $\displaystyle\int_1^e x^2 \log x\, dx = \frac{2e^3 + 1}{9}$.

和尚 積分はまだ慣れていないから，宿題の解説をしておこう．

(1) と (2) は不定積分がすぐ求まるから，

$$\int_0^2 x^4\, dx = \left[\frac{1}{5}x^5\right]_0^2$$
$$= \frac{1}{5}\cdot 2^5 - \frac{1}{5}\cdot 0^5$$
$$= \frac{32}{5},$$
$$\int_{-1}^1 (x^2 - x - 1)\, dx = \left[\frac{1}{3}x^3 - \frac{1}{2}x^2 - x\right]_{-1}^1$$

$$= \left(\frac{1}{3} - \frac{1}{2} - 1\right) - \left(-\frac{1}{3} - \frac{1}{2} + 1\right)$$
$$= \frac{2}{3} - 2$$
$$= -\frac{4}{3}.$$

もえ (3) がよくわかりませんでした.

和尚 そうか. まず e^{3x} の不定積分だが,
$$(e^{3x})' = e^{3x} \cdot (3x)'$$
$$= 3e^{3x}$$
だから, 3 で割っておいて
$$\left(\frac{1}{3}e^{3x}\right)' = e^{3x}.$$
これで不定積分が求まる. そこで,
$$\int_0^{\log 2} e^{3x}\,dx = \left[\frac{1}{3}e^{3x}\right]_0^{\log 2}$$
$$= \frac{1}{3}e^{3\log 2} - \frac{1}{3}e^0$$
となる.

もえ そこから先がよくわかりません.

和尚 まず「0 乗すると 1 になる」から
$$e^0 = 1.$$
次に「指数法則」を使って
$$e^{3\log 2} = \left(e^{\log 2}\right)^3.$$
さらに
$$e^{\log x} = x$$
であることを思い出すと
$$e^{3\log 2} = \left(e^{\log 2}\right)^3$$
$$= 2^3$$
$$= 8.$$
したがって

$$\int_0^{\log 2} e^{3x}\,dx = \frac{1}{3}e^{3\log 2} - \frac{1}{3}e^0$$
$$= \frac{1}{3}\cdot 8 - \frac{1}{3}\cdot 1$$
$$= \frac{7}{3}$$

となるわけだ.

もえ なーるほど.

和尚 (4) と (5) は部分積分法を使う.

夏子 (4) は e^x だけだったら積分できるのに, x がかかっていますね.

和尚 そう. x がジャマなのだが, x は微分すると 1 になって消えてくれるから, 逆に e^x を先に積分する.

$$\int_0^{\log 2} xe^x\,dx = \int_0^{\log 2} e^x \cdot x\,dx$$
$$= \left[e^x \cdot x\right]_0^{\log 2} - \int_0^{\log 2} e^x(x)'\,dx$$
$$= \left(e^{\log 2}\cdot \log 2 - 0\right) - \int_0^{\log 2} e^x\,dx$$
$$= 2\log 2 - \left[e^x\right]_0^{\log 2}$$
$$= 2\log 2 - \left(e^{\log 2} - e^0\right)$$
$$= 2\log 2 - (2 - 1)$$
$$= 2\log 2 - 1$$

と求まる.

もえ そっかー.

$$e^{\log 2} = 2$$

てところがポイントなんだなあ. ウーン, ややこしい！

夏子 (5) は $\log x$ を消したいですね.

和尚 そう.

$$(\log x)' = \frac{1}{x}$$

だから, 逆に x^2 を先に積分してみよう. そうするとうまく行きそうだ.

$$(x^3)' = 3x^2$$

だから 3 で割っておくと
$$\left(\frac{1}{3}x^3\right)' = x^2.$$
これで x^2 の不定積分が求まったから，
$$\int_1^e x^2 \log x \, dx = \left[\left(\frac{1}{3}x^3\right) \log x\right]_1^e - \int_1^e \left(\frac{1}{3}x^3\right)(\log x)' \, dx$$
$$= \left(\frac{1}{3}e^3 \log e - \frac{1}{3}\log 1\right) - \int_1^e \left(\frac{1}{3}x^3\right) \cdot \frac{1}{x} \, dx$$
$$= \frac{1}{3}e^3 - \frac{1}{3}\int_1^e x^2 \, dx$$
$$= \frac{1}{3}e^3 - \frac{1}{3}\left[\frac{1}{3}x^3\right]_1^e$$
$$= \frac{1}{3}e^3 - \frac{1}{3}\left(\frac{1}{3}e^3 - \frac{1}{3}\right)$$
$$= \frac{3e^3 - (e^3 - 1)}{9}$$
$$= \frac{2e^3 + 1}{9}$$
となる．

もえ　そっかー．
$$\log e = 1, \qquad \log 1 = 0$$
ていう式を使ってますね．
　　いやあメンドクサイけど，積分の計算もすこーし慣れてきました．

和尚　そのうちハマるかもしれんぞ．ところでおまけのクイズはできたか？

もえ　大学名クイズその 2，ですか？
　　（1）チューインガムが逆になっている大学はどこか？
　　（2）おじさんがお酒をのめない大学はどこか？
　　いやあ，(1) も (2) もまったくわかりませんでした．

夏子　ずいぶん考えたんですけどギブアップです．答を教えて下さい．

和尚　(1) はチューインガムが逆になっているから，ぎゃくちゅーいん大学だ．

夏子　は？

和尚　ぎゃくちゅーいん大学！

もえ　あ，学習院大学かあ．じゃあ (2) は？

158

和尚　おじさんがお酒をのめない，すなわち，おっちゃんがのめないから，おっちゃんのめず女子大学だ．

もえ　は？

和尚　おっちゃんのめず女子大学！

夏子　あ，お茶の水女子大学！

もえ　ウー，モスクワの冬だ！

和尚　なんだそれ？

もえ　さむーい！

● 記号 dy/dx

和尚　関数 $y = f(x)$ の導関数を表すのに

$$y', \quad f'(x)$$

などの記号を用いたが，もう1つまだ説明していない記号がある．それは

$$\frac{dy}{dx}$$

というものだ．

もえ　あたしこの記号大キライ！　「ディーワイディーエックス」って読み方は知ってるけど，要するに

$$y' = f'(x) = \frac{dy}{dx}$$

なんでしょ？　だったら y' や $f'(x)$ だけでいいじゃないですか．同じものをなんでこんなにいろんな記号で表すんですか？

和尚　その疑問はもっともだ．微積では変数がいくつも出てくることがよくある．そのときに y' や $f'(x)$ だと，どの変数をどの変数で微分するのかがわかりにくい．その点

$$\frac{dy}{dx}$$

と書けば，「x の関数である y を，変数 x で微分したもの」ということがはっきりわかる．あるいは

$$\frac{dx}{dt}$$

ならば,「t の関数である x を,変数 t で微分したもの」となるわけだ.一見しただけで何を何で微分したかがわかるという,とても便利な記号なのだよ.

もえ そうですかあ？　よくわかんないなあ.

和尚 ところで,

$$\frac{dy}{dx}$$

は「dy を dx で割ったもの」と考えることができる.
ここで dx は,「限りなく 0 に近い,x の増分」と考えたらいい.dy はそのときの y の増分だ.
$y = f(x)$ の導関数とは何であったかを思い出すと,

$$\frac{\Delta y}{\Delta x}$$

の極限値だった.ここで Δx, Δy はそれぞれ x, y の増分を表す.分母を dx で,分子を dy でおきかえると

$$\frac{dy}{dx}$$

となるわけだ.

夏子 ウーン,なんだかピンと来ませんけど.

和尚 微積では dx, dy をそれぞれ 1 つの「文字」と考えて計算していくことがよくある.使い方によってはとても便利なものだ.
合成関数の微分を例にとると,微分の公式を,

$$\frac{dy}{dx} = \frac{dy}{du} \cdot \frac{du}{dx}$$

と表すことができる.右辺の du を 1 つの文字と考えて分母分子約してしまうと左辺になる.x の「ある関数」を u で表したのだ.「そのまた関数」を「ある関数」で微分したものが

$$\frac{dy}{du}$$

で,「ある関数」を微分したものが

$$\frac{du}{dx}$$

だから,この 2 つをかけると

$$\frac{dy}{dx}$$

になる.すなわち,合成関数の微分の公式だ.

夏子 なるほど．

和尚 ちなみに，積分の中の dx も 1 つの文字と考えて，たとえば
$$\int \frac{1}{x} dx = \int \frac{dx}{x}, \quad \int \frac{x}{1+x^2} dx = \int \frac{x\,dx}{1+x^2}$$
などのように書くことが多い．

● 逆関数の微分

和尚 y が x の関数のとき，同時に x が y の関数になっているならば
$$\frac{dy}{dx} = \frac{1}{\dfrac{dx}{dy}}$$
が成り立つ．これを「逆関数の微分公式」という．

夏子 高校の数学で習いました．

和尚 たとえば
$$y = \sqrt{x}$$
のとき，
$$x = y^2$$
となるから，x を y で微分すると
$$\frac{dx}{dy} = 2y.$$
したがって，
$$(\sqrt{x})' = y'$$
$$= \frac{dy}{dx}$$
$$= \frac{1}{\dfrac{dx}{dy}}$$
$$= \frac{1}{2y}$$
$$= \frac{1}{2\sqrt{x}}$$
となるわけだ．

もえ 微分経で学んだ通りになりますね．

● 記号 $\dfrac{d}{dx}$ と $\dfrac{\partial}{\partial x}$

和尚 変数 x で微分することを，右下に x を付けて

$$(\quad)_x$$

で表したが，正式には左側に

$$\frac{d}{dx}$$

を付けて表す．すなわち

$$\frac{d}{dx}(\quad) = (\quad)_x$$

となるわけだ．ただし偏微分の場合は

$$\frac{\partial}{\partial x}$$

という記号を使って普通の微分と区別する．

もえ またヘンな記号が出てきた．やだなあ．

和尚 さっき説明した

$$\frac{dy}{dx}$$

だが，これは y の左側に

$$\frac{d}{dx}$$

をくっつけたと見ることもできる．すなわち，

$$y' = \frac{dy}{dx} = \frac{d}{dx}(y).$$

これをもう一度 x で微分すると，

$$y'' = \frac{d}{dx}\left(\frac{dy}{dx}\right)$$

となる．分母に dx が 2 個，分子に d が 2 個あるので，これを

$$y'' = \frac{d^2 y}{dx^2}$$

という記号で表す．分母の dx を 1 つの文字と考えているわけだ．

夏子 第 2 次導関数を表す記号ですね．

和尚 同様にして，

$$y''' = \frac{d^3 y}{dx^3}, \quad y'''' = \frac{d^4 y}{dx^4}, \cdots$$

のように表す．

もえ　うわあ，なんだか目がまわってきた！

和尚　もえは「数学記号アレルギー」だと言ってたから無理もない．すこし時間をかけて慣れるしかあるまい．

●例題 1.　$y = (x^3 + 1)e^x$ とするとき，$\dfrac{dy}{dx}$, $\dfrac{d^2y}{dx^2}$ を求めよ．

もえ　これってただ微分していくだけでしょ．だったらできそうじゃん．
$$y = (x^3 + 1)e^x$$
を x で微分すると，積の微分法と
$$(e^x)' = e^x$$
を使って，
$$\begin{aligned}\frac{dy}{dx} &= (x^3 + 1)'e^x + (e^x)'(x^3 + 1) \\ &= 3x^2 e^x + e^x(x^3 + 1) \\ &= (x^3 + 3x^2 + 1)e^x.\end{aligned}$$
もう一度 x で微分すると，また積の微分法で，
$$\begin{aligned}\frac{d^2y}{dx^2} &= (x^3 + 3x^2 + 1)'e^x + (e^x)'(x^3 + 3x^2 + 1) \\ &= (3x^2 + 6x)e^x + e^x(x^3 + 3x^2 + 1) \\ &= (x^3 + 6x^2 + 6x + 1)e^x\end{aligned}$$
となりました．

和尚　正解だ．

●例題 1 の答　$\dfrac{dy}{dx} = (x^3 + 3x^2 + 1)e^x$.

$\dfrac{d^2y}{dx^2} = (x^3 + 6x^2 + 6x + 1)e^x$.

和尚　偏微分の記号も練習しておこう．

●例題 2. $z = y^2 e^{-xy}$ とするとき，$\dfrac{\partial z}{\partial x}$, $\dfrac{\partial z}{\partial y}$ を求めよ．

もえ これってただ偏微分するだけでしょ．

まず
$$z = y^2 e^{-xy}$$
を x で偏微分すると，y を定数とみなすから，
$$\frac{\partial z}{\partial x} = (y^2 e^{-xy})_x$$
$$= y^2 (e^{-xy})_x$$
で，あれれ？

夏子 合成関数の微分．e の肩に乗っかってるのを「ある関数」と考える．

もえ そっかそっか．
$$(e^{-xy})_x = e^{-xy} \cdot (-xy)_x$$
$$= -y e^{-xy}$$
なので，
$$\frac{\partial z}{\partial x} = y^2 (e^{-xy})_x$$
$$= y^2 (-y e^{-xy})$$
$$= -y^3 e^{-xy}.$$

次に z を y で偏微分すると，x を定数とみなして，積の微分法で
$$\frac{\partial z}{\partial y} = (y^2 e^{-xy})_y$$
$$= (y^2)_y e^{-xy} + (e^{-xy})_y \cdot y^2$$
$$= 2y e^{-xy} + (e^{-xy}) \cdot (-xy)_y \cdot y^2$$
$$= 2y e^{-xy} + (e^{-xy}) \cdot (-x) \cdot y^2$$
$$= (2y - xy^2) e^{-xy}$$

となりました．

和尚 正解だ．

●例題 2 の答　$\dfrac{\partial z}{\partial x} = -y^3 e^{-xy}$.　　$\dfrac{\partial z}{\partial y} = (2y - xy^2)e^{-xy}$.

和尚　ずいぶん前に説明したが，
$$z = f(x, y)$$
の「第 2 次偏導関数」は 4 種類あって，
$$f_{xx}, \quad f_{xy}, \quad f_{yx}, \quad f_{yy}$$
という記号で表した．同じものを
$$z_{xx}, \quad z_{xy}, \quad z_{yx}, \quad z_{yy}$$
と書いてもよい．

夏子　微分する変数を右下にくっつけていくわけですね．

和尚　その通り．第 2 次偏導関数を
$$\dfrac{\partial}{\partial x}, \quad \dfrac{\partial}{\partial y}$$
を使って表すと次のようになる．

まず z の偏導関数は
$$z_x = \dfrac{\partial z}{\partial x}, \quad z_y = \dfrac{\partial z}{\partial y}$$
の 2 つ．これらをもう 1 回偏微分すると，
$$z_{xx} = \dfrac{\partial}{\partial x}\left(\dfrac{\partial z}{\partial x}\right), \quad z_{xy} = \dfrac{\partial}{\partial y}\left(\dfrac{\partial z}{\partial x}\right),$$
$$z_{yx} = \dfrac{\partial}{\partial x}\left(\dfrac{\partial z}{\partial y}\right), \quad z_{yy} = \dfrac{\partial}{\partial y}\left(\dfrac{\partial z}{\partial y}\right)$$
となる．分母の ∂x と ∂y をそれぞれ 1 つの文字と考え，分子は ∂ が 2 つあるから，これらを
$$z_{xx} = \dfrac{\partial^2 z}{\partial x^2}, \quad z_{xy} = \dfrac{\partial^2 z}{\partial y \partial x},$$
$$z_{yx} = \dfrac{\partial^2 z}{\partial x \partial y}, \quad z_{yy} = \dfrac{\partial^2 z}{\partial y^2}$$
という記号で表す．

前にも述べたが，微積に登場する通常の関数の場合はつねに

$$\frac{\partial^2 z}{\partial y \partial x} = \frac{\partial^2 z}{\partial x \partial y}$$

が成り立っている.

もえ　ヘンな記号だなあ. ∂ という字を見てると催眠術みたいに眠くなっちゃいますよ！

和尚　今日は記号の説明ばっかりで計算練習をあまりやらなかったから，宿題はやさしくしておこう.

●宿題 13

（1）$y = x^2 \cos x$ とするとき，$\dfrac{dy}{dx}$, $\dfrac{d^2 y}{dx^2}$ を求めよ.

（2）$z = (x+y)e^{x-y}$ とするとき，$\dfrac{\partial^2 z}{\partial x^2}$, $\dfrac{\partial^2 z}{\partial x \partial y}$, $\dfrac{\partial^2 z}{\partial y^2}$ を求めよ.

M ホテルのコーヒーショップにて

見知らぬ外国人　まっぴらごめんねえ. ちょっとうかがいやすが, M ホテルのコーヒーショップはここだけでござんすか？

もえ　はい，そうですけど.

夏子　あのー，もしかしてあなたはオチャメ王国のヘソ・マーガリン公爵では？

ヘソ・マーガリン公爵 (以下「ヘソ」と略記)　さいでござんす. どうしておわかりで？

夏子　ボヤッキー男爵から見せていただいたお写真にそっくり. それにお話しになるときの特徴. 一発でわかりました.

ヘソ　ボヤッキー男爵のお知り合いでござんすか. おみそれしやした.

夏子　はじめまして. 夏川夏子と申します. ボヤッキー男爵とはつい数日前, このコーヒーショップでお話をうかがったばかりです.

ヘソ　あっしは数学が大好きで，週末に学会が京都で開かれるんで，まだちょっと早いがついでに京都見物をしようと日本に来ておりやす. 友達のイカレ・ポンチ男爵と待ち合わせてるとこなんでござんすが，あー来た来た. おーい，ここだここだ！

イカレ・ポンチ男爵 (以下「イカ」と略記) ハーイ！ おやあ？ ヘソ・マーガリンが美しい女性2人と一緒にいるなんてどうしたの？ 明日は雪が降るかもね.

ヘソ　このお2人はボヤッキー男爵のお知り合いだぜ.

夏子　はじめまして. 夏川夏子と申します.

もえ　神田もえです.

イカ　ハーイ, イカレ・ポンチ男爵だよーん. ボヤッキー男爵はオチャメ王国の王様の幼なじみ.「数学はなぜ嫌われるのか」という座談会で議論したけど, 彼は「数学を選択科目にするべし」と強硬に主張してたね.

もえ　あたしたち恵理偉都大学の1年生で経済学部と商学部なんですけど, 微積がまったく苦手で夏休み明けのテストで落第しそうだったんです. そこで微積寺の和尚さまにお願いして, 微積の「修行」をやってるところなんです.

ヘソ　微積寺の和尚といやあ研究者としても「知る人ぞ知る」って人だから, その和尚に微積分を教わるってのは結構毛だらけ猫灰だらけでござんすよ. 今は苦しいだろうが, 言ってみりゃあ高い山を下から昇っていくようなもんだ. 最初はなんにも見えなくて辛いだろうが, 上までたどりついたときの美しい風景はたまらねえぜ. それを楽しみに今は我慢しなせえ.

イカ　ヘソ・マーガリンは偏くつだから, 自分の考えは万人共通すると思ってるけど, ボクはちょっとちがうよ. 数学はクラシック音楽と似たところがあると思う. 好きな人にとっては特別な存在で「神聖な世界」と言ってもいい. だけど嫌いな人にとってはただうっとうしいだけさ. 嫌いな人に無理矢理押し付けてもダメだよ. でもね. 数学もクラシック音楽もとっても奥が深い. 嫌いだと思ってても実は「くわず嫌い」だってケースが沢山ある. ある日突然, 数学の美しさに気付くことがある. そこがムズカシイとこなのさ.

もえ　そうですかあ. あたしは今まで数学が美しいと思ったことは一度もありません.

夏子　あたしもないです.

ヘソ　今の学校カリキュラムは「予備知識よせ集め型」になってるからでござんしょう．あとで専門を教えるときに「楽をしよう」としてカリキュラムを組むから，山のふもとをぐるぐる歩くだけで美しい風景が見えねえんでござんす．

イカ　その通り．たとえば「初等幾何」のように，数学の美しさを直観的に味わえるテーマをじっくりやればいいのに，専門教育の都合にふりまわされてるね．「複素数」を高校生にやらせようなんてどうかしているよ．中途半端になるに決まってるじゃないの．授業時間が限られる中で専門家が無責任に「あれをやれ」，「これを入れろ」と主張するから，結局パッチワークみたいなカリキュラムになる．これじゃ生徒がかわいそうだよ．

ヘソ　もう1つ．大学入試ってえ世にも下らねえものが世間の人に誤解を与えておりやす．数学イコール受験数学だと思ってる人が多すぎる！
冗談じゃござんせん．これじゃ数学がかわいそうだぜ．

夏子　実はあたしたち2人とも大学入試を受けていないんです．もえは指定校推薦で，あたしは内部の高校から推薦で入りました．

イカ　ラッキー！　青春時代の大事な大事な時間とエネルギーを大学受験の点取り競争なんて下らないことに使わなくて良かった良かった！
さっきも言ったけど，数学が今は嫌いでもそれは「くわず嫌い」なのかもしれない．将来数学の美しさに気付いて数学が好きになるかもしれない．あるいは，本当に数学が嫌いなのかもしれない．そのどっちなのか，あんまり早く結論を出さない方がいいと思うよ．

● 第十四話

置換積分法

●宿題 13 の答

（1） $\dfrac{dy}{dx} = 2x\cos x - x^2 \sin x, \quad \dfrac{d^2y}{dx^2} = (2-x^2)\cos x - 4x\sin x.$

（2） $\dfrac{\partial^2 z}{\partial x^2} = (x+y+2)e^{x-y},$

$\dfrac{\partial^2 z}{\partial x \partial y} = -(x+y)e^{x-y}, \quad \dfrac{\partial^2 z}{\partial y^2} = (x+y-2)e^{x-y}.$

もえ　この宿題って，要するに

$$y',\quad y'',\quad z_{xx},\quad z_{yx},\quad z_{yy}$$

を計算しろってことですよね．

和尚　そう．記号に慣れるための問題みたいなものだ．

夏子　きのう偶然，ヘソ・マーガリン公爵とイカレ・ポンチ男爵にお会いしました．

和尚　そうそう．イカレ・ポンチ男爵からメールが来ていた．公爵と男爵は数学つながりでワシも前からよく知っているが，今度京都で学会があるの

でそれに出るために日本に来らしい．イカレ・ポンチ男爵は夏子ともえの2人がとても気に入ったらしく，ベタベタにほめてたぞ．

もえ　ホントですか？　うれしーなあ．イカレ・ポンチさんはちょっと軽そうなところが気になるけど，とってもステキな男性で「ひとめぼれ」です．そのポンチさんにほめられると，もっと数学勉強しなきゃって気になりますよ！

和尚　そりゃ結構なことだ．

● 置換積分法

和尚　いよいよ修行の最終日となった．

夏子　有終の美を飾りたいですね．

和尚　今日は置換積分の話だ．

もえ　あたしこれキライです！

和尚　またか．キライなものが多いなあ．

もえ　てゆーか，ネーミングが良くないの．高2の時，電車の中でとってもしつこいチカンがいたんです．アタマにきてけとばしたら，まちがってとなりのおじさんをけっちゃったんです．もう謝って謝って平謝り．そのドサクサにチカンは逃げちゃってそれっきり．それ以来トラウマになって，「チカン」てきくと高2の出来事がよみがえってくる．だからチカン積分てきくだけで拒否反応をおこしちゃうんです．

和尚　しょうがないなあ．まあ置換積分という言葉がイヤなら「変数変換」と言いかえてもいい．とにかく積分の計算でこれができるとできないとでは，それこそ月とスッポンポンほどのちがいがある．

もえ　またですか？　合成関数の微分みたいですね．

和尚　その通り．合成関数の微分の「逆」に相当するものなのだ．すなわち，

$$\int f(\varphi(x))\varphi'(x)\,dx = \int f(t)\,dt, \quad \text{ただし } t = \varphi(x).$$

和尚　φ はギリシャ文字で，「ファイ」と読む．

夏子　きゃー，ただ記号と文字が並んでるだけで何を意味してるのかすらわからなーい！　こりゃあきまへん．

170

もえ 右に同じでーす.

和尚 最初はチンプンカンプンでも，計算練習を重ねたあとでもう1回見直してみると，ちゃーんと意味がわかるようになるから不思議なものだ．人間の脳はそういうふうにできているらしい．

上の公式がなぜ成り立つのか説明をしておこう．まず右辺の

$$\int f(t)\,dt$$

は t の関数だが，

$$t = \varphi(x)$$

だからこれは x の関数でもある．そこで

$$\int f(t)\,dt$$

を x で微分すると，t を「ある関数」と考えて合成関数の微分を適用することができる．

$$\left(\int f(t)\,dt\right)_x = \left(\int f(t)\,dt\right)_t \cdot \frac{dt}{dx}$$
$$= f(t)\varphi'(x)$$
$$= f(\varphi(x))\varphi'(x).$$

この両辺を $(x$ で$)$ 積分すると

$$\int f(t)\,dt = \int f(\varphi(x))\varphi'(x)\,dx$$

となるわけだ．

夏子 なんとなくわかったようなわかんないような，不思議な気分です．

和尚 実際に計算するときはこの公式を丸暗記したりはしない．次のように計算していく．

(ステップ1) x のある関数を t とおく．

$$\varphi(x) = t.$$

(ステップ2) t を x で微分する．

$$\frac{dt}{dx} = \varphi'(x).$$

(ステップ 3) dx を両辺にかける．
$$dt = \varphi'(x)\,dx.$$
(ステップ 4) 2 つの関係式
$$\varphi(x) = t, \qquad \varphi'(x)\,dx = dt$$
を使って積分の中から x を消去し，t の積分になおす．

(ステップ 5) t の積分を計算する．

(ステップ 6) その結果に
$$t = \varphi(x)$$
を代入して，x の関数にもどす．

夏子 だいぶわかりやすくなりました．でも $\varphi(x)$ は x の「ある関数」ですよね．これってどうやって決めるんですか？

和尚 そこが難しい，というか面白いところだ．$\varphi(x)$ をうまく選ばないと，ステップ 4 で積分の中に x が残ってしまう．また t の積分がうまく行かないこともある．計算練習をやっているうちに，だんだんヤマカンが働くようになるのさ．前にも言ったように，これができるとできないとで月とスッポンポンだぞ．

もえ ウーン，修行の最終日にスッポンポンはごめんだ．よっしゃ．あと 1 日なので，気合い入れていくぞー！

● **例題 1.** 不定積分を求めよ．

(1) $\displaystyle\int (3x+2)^5\,dx$ 　　　　(2) $\displaystyle\int \tan x\,dx$

和尚 (1) はワシがやってみせよう．どの関数を t とおくかはヤマカンで決める．

もえ ヤマカンですか？

和尚 あとは前に説明した手順にしたがって機械的に計算していく．微積分の記号は本当によくできているのだ．

さて，(1) はヤマカンで
$$3x + 2 = t$$
とおくことにしよう．

t を x で微分すると
$$\frac{dt}{dx} = (3x+2)' = 3.$$
両辺に dx をかけて
$$dt = 3\,dx.$$
すると
$$dx = \frac{1}{3}dt$$
となるから，これと
$$3x + 2 = t$$
とを使って，x の積分を t の積分に変換する．機械的におきかえていけばよい．

もえ 機械的に，ですか？

和尚 そう．
$$\int (3x+2)^5\,dx$$
を
$$\int, \quad (3x+2)^5, \quad dx$$
と分解して，機械的におきかえていく．
$$\int$$
はそのまま変えない．$3x+2$ は t におきかえ，dx は
$$\frac{1}{3}dt$$
におきかえる．すなわち
$$\int (3x+2)^5\,dx = \int t^5 \frac{1}{3}dt$$

$$= \frac{1}{3}\int t^5\,dt$$

となって t の積分に変わる.

夏子 なるほど.

和尚 t の積分を計算して，さらに

$$t = 3x + 2$$

を使って x の関数にもどすと，

$$\int (3x+2)^5\,dx = \frac{1}{3}\int t^5\,dt$$
$$= \frac{1}{3}\cdot\frac{1}{6}t^6 + C$$
$$= \frac{1}{18}t^6 + C$$
$$= \frac{1}{18}(3x+2)^6 + C$$

と求まる.

もえ 手品みたいですね.

和尚 (2) は君たちがやってごらん.

もえ $\tan x$ の不定積分て，どっかでやったような気がするなあ．よくおぼえてないけど.

夏子 どの関数を t とおくかだけど，

$$\tan x = \frac{\sin x}{\cos x}$$

だから，$\cos x$ を t とおいてみたら？

もえ なんで？

夏子 わからんけど，ヤマカン.

もえ ヤマカンねえ．まあいいや.

$$\cos x = t$$

とおくと，x で微分して

$$\frac{dt}{dx} = (\cos x)' = -\sin x.$$

dx をかけて

$$dt = -\sin x\,dx.$$

174

てことは
$$\sin x\, dx = -dt$$
か．あれ，うまくいきそうじゃん！

$\sin x\, dx$ を $-dt$ でおきかえられるから，
$$\int \tan x\, dx = \int \frac{\sin x\, dx}{\cos x}$$
$$= \int \frac{-dt}{t}$$

で x が消えたよ！

夏子 しめしめ．
$$\int \tan x\, dx = -\int \frac{dt}{t}$$
$$= -\log|t| + C$$
$$= -\log|\cos x| + C$$

で，できました．

和尚 正解だ．

もえ 思い出した．$\log x$ の微分の宿題に出てた関数だ．

●例題1の答　(C はいずれも積分定数)．

(1) $\displaystyle\int (3x+2)^5\, dx = \frac{1}{18}(3x+2)^6 + C.$

(2) $\displaystyle\int \tan x\, dx = -\log|\cos x| + C.$

●定積分の置換積分法

和尚 定積分の場合，置換積分法の公式は，
$$\int_a^b f(\varphi(x))\varphi'(x)\, dx = \int_{\varphi(a)}^{\varphi(b)} f(t)\, dt$$
と表される．計算するときに

x	a	$\to$	b
t	$\varphi(a)$	$\to$	$\varphi(b)$

と書いておくとわかりやすい．

●例題 2. 定積分の値を求めよ.

(1) $\displaystyle\int_0^1 \frac{x\,dx}{\sqrt{1+x^2}}$ (2) $\displaystyle\int_0^{\pi/2} \cos^3 x\,dx$

和尚 どうかな？

夏子 自信ないけど，やってみます．

(1) は
$$\int_0^1 \frac{x\,dx}{\sqrt{1+x^2}}$$
ですけど，$1+x^2$ を t とおいてみますね．
$$1+x^2 = t.$$
t を x で微分すると
$$\frac{dt}{dx} = (1+x^2)' = 2x$$
でしょ．dx をかけて
$$dt = 2x\,dx.$$

もえ あ，そっか．積分の中の分母分子に 2 をかければ
$$\int_0^1 \frac{x\,dx}{\sqrt{1+x^2}} = \int_0^1 \frac{2x\,dx}{2\sqrt{1+x^2}}$$
だから x が消える！

夏子 うまく行きそうでしょ？
$$1+x^2 = t$$
だから，
$$x=0 \text{ のとき } t=1,$$
$$x=1 \text{ のとき } t=2.$$
すなわち

x	$0 \to 1$
t	$1 \to 2$

176

もえ　あとは機械的におきかえればいいんだよね．$\int_0^1$ は $\int_1^2$ におきかえて
$$\int_0^1 \frac{2x\,dx}{2\sqrt{1+x^2}} = \int_1^2 \frac{dt}{2\sqrt{t}}$$
となるでしょ．

夏子　これでできそう．
$$(\sqrt{t})_t = \frac{1}{2\sqrt{t}}$$
なので，
$$\int_0^1 \frac{x\,dx}{\sqrt{1+x^2}} = \int_1^2 \frac{dt}{2\sqrt{t}}$$
$$= \left[\sqrt{t}\right]_1^2$$
$$= \sqrt{2} - 1.$$
できました．

和尚　正解だ．

もえ　すごーい！　この勢いで (2) はどうかな？

夏子　えーと，
$$\int_0^{\pi/2} \cos^3 x\,dx$$
でしょ？　何を t とおくかだけど，
$$\cos x = t$$
としてみようか．

もえ　t を x で微分すると
$$\frac{dt}{dx} = (\cos x)' = -\sin x$$
だから，dx をかけて
$$dt = -\sin x\,dx$$
でしょ．あれ？　$\sin x$ が出てきちゃうよ．

夏子　そうやね．じゃあ
$$\sin x = t$$
としたらどうなの？

もえ　t を x で微分すると
$$\frac{dt}{dx} = (\sin x)' = \cos x$$
で，dx をかけると
$$dt = \cos x \, dx.$$
ふんふん．$\cos x \, dx$ が dt になって x が消えるか．だけど
$$\cos^3 x = (\cos x)^3$$
$$= (\cos x)^2 \cos x$$
だから，
$$(\cos x)^2 = \cos^2 x$$
が残っちゃうよ．

夏子　ほら，公式があったじゃない．
$$\cos^2 x + \sin^2 x = 1$$
ていう公式！

もえ　そうだそうだ！
$$\cos^2 x = 1 - \sin^2 x$$
だけど $\sin x$ が t だから
$$\cos^2 x = 1 - \sin^2 x$$
$$= 1 - t^2$$
で，x が消えるんだ！

夏子　もう一度最初からやると，
$$\int_0^{\pi/2} \cos^3 \, dx$$
を計算するのに，
$$\sin x = t$$
とおくと，
$$\frac{dt}{dx} = \cos x$$
より
$$dt = \cos x \, dx.$$

178

一方,
$$\cos^2 x = 1 - \sin^2 x$$
$$= 1 - t^2.$$
また,$\sin 0 = 0$, $\sin(\pi/2) = 1$ より

x	$0 \to \pi/2$
t	$0 \to 1$

となるので,
$$\int_0^{\pi/2} \cos^3 x \, dx = \int_0^{\pi/2} (1 - \sin^2 x) \cos x \, dx$$
$$= \int_0^1 (1 - t^2) \, dt$$
$$= \left[t - \frac{1}{3} t^3 \right]_0^1$$
$$= \frac{2}{3}.$$

和尚　正解だ.

●例題 2 の答　（ 1 ）$\int_0^1 \dfrac{x \, dx}{\sqrt{1+x^2}} = \sqrt{2} - 1.$

（ 2 ）$\int_0^{\pi/2} \cos^3 x \, dx = \dfrac{2}{3}.$

夏子　なるほど微積分の記号はよくできていますね.機械的におきかえていけばできちゃうなんて手品みたい.

もえ　同感.
$$\frac{dy}{dx}$$
なんてヘンテコな記号が,実はとても便利なものだということもよくわかりました.

和尚　今日の宿題だが,答えも渡しておくから,自分で解いたあとにチェックしてごらん.

● 宿題 14

不定積分または定積分を求めよ．

(1) $\int (2-5x)^4 \, dx$

(2) $\int \dfrac{dx}{1+e^x}$ $\left(\text{ヒント．} \dfrac{1}{t(t+1)} = \dfrac{1}{t} - \dfrac{1}{t+1}\text{．一般に，このような変形を「部分分数分解」という．}\right)$

(3) $\displaystyle\int_0^{\pi/3} \sin^3 x \, dx$

(4) $\displaystyle\int_1^4 \dfrac{dx}{2x+3\sqrt{x}}$

和尚　数学ができる・できないは，お酒が飲める・飲めないによく似ている．大酒飲みは酒は飲めるのが当然と考え，下戸の気持ちがまったくわからない．アルコール分解酵素の働きかなんか知らんが，飲めないものは飲めないのだ．数学もそれと同じで，できないものはできないのだ．

もえ　ずいぶんはっきりおっしゃいましたね．

和尚　その数学が「学力のシンボル」になっているから話がややこしくなる．「数学分解酵素」を十分もたない人に，専門家が「数学は誰でも理解できるはずだから勉強せい」と強要しても，それは無理というものだ．

夏子　なるほど．

和尚　世間の多くの人は，微積分など分からないのが当然で，分かる方がおかしいと思っている．それでいいではないか．分からないのが当然だから，たとえ小さなことでも分かる，あるいはそれまでできなかったことができるようになる，それだけで大きな喜びになるのだ．多くの専門家のように，最初から完璧を求めて厳密な理論を押しつける，なんてことをしなければ，微積分は世間一般の人でも十分楽しめるはずだ．

夏子　そっかー．

和尚　ワインを一口飲むだけで心の底から「おいしい」と思える人は幸せだ．それを大酒飲みが横からしゃしゃり出て，へりくつをこねたりウンチクを傾けたりするのは大きなお世話さ．

夏子　なるほど．

和尚　それにしても 2 人とも修行に耐えてよくここまでがんばった．修行後と修行前を比べたら，それこそ月とスッポンポンだ．

もえ　微分積分の基本的な計算が一通りできるようになりました．自分でも信じられません．これで「微分積分」の単位はバッチリです．

和尚　今できたと思ってもすぐ忘れるから，くれぐれも油断するなよ．

夏子　本当に，本当にありがとうございました！

もえ　感謝感激雨あられです！

和尚　では，さらばじゃ．

もえ　これで和尚さまとお別れだなんて悲しすぎます．お願いです．あたしたちを和尚さまの弟子にしてください！

夏子　弟子にしてください！

和尚　弟子になりたければワシントンに行け．

もえ　は？

和尚　ワシントン・デー・シーなんちゃって．バイビー！

●宿題 14 の答　(1)　$\int (2-5x)^4 \, dx$ において $2-5x = t$ とおくと, $\dfrac{dt}{dx} = -5$ より $dt = -5\,dx, \ dx = -\dfrac{1}{5}\,dt.$

$\therefore \int (2-5x)^4 \, dx = \int t^4 \left(-\dfrac{1}{5}\right) dt = -\dfrac{1}{5} \int t^4 \, dt$

$\qquad\qquad\qquad = -\dfrac{1}{5} \cdot \dfrac{1}{5} t^5 + C = -\dfrac{1}{25}(2-5x)^5 + C.$ （C は積分定数）

(2)　$\int \dfrac{dx}{1+e^x}$ において $e^x = t$ とおくと, $\dfrac{dt}{dx} = e^x$ より $dt = e^x \, dx = t\,dx, \ dx = \dfrac{dt}{t}.$

$\therefore \int \dfrac{dx}{1+e^x} = \int \dfrac{1}{1+t} \cdot \dfrac{dt}{t} = \int \dfrac{dt}{t(t+1)} = \int \left(\dfrac{1}{t} - \dfrac{1}{t+1}\right) dt$

$\qquad\qquad = \log|t| - \log|t+1| + C = \log e^x - \log(e^x + 1) + C$

$\qquad\qquad = x - \log(e^x + 1) + C.$ 　　（C は積分定数）

(3)　$\int_0^{\pi/3} \sin^3 x \, dx$ において $\cos x = t$ とおくと, $\dfrac{dt}{dx} = -\sin x$ より $dt = -\sin x \, dx, \ \sin x \, dx = -dt.$ また $\cos 0 = 1, \ \cos(\pi/3) = \dfrac{1}{2}.$

x	$0 \to \pi/3$
t	$1 \to 1/2$

$\therefore \int_0^{\pi/3} \sin^3 x \, dx = \int_0^{\pi/3} (1 - \cos^2 x) \sin x \, dx$

$\qquad\qquad = \int_1^{1/2} (1 - t^2)(-dt) = \int_{1/2}^1 (1 - t^2) \, dt = \left[t - \dfrac{1}{3} t^3 \right]_{1/2}^1$

$\qquad\qquad = \dfrac{2}{3} - \dfrac{11}{24} = \dfrac{5}{24}.$

(4)　$\int_1^4 \dfrac{dx}{2x + 3\sqrt{x}}$ において $\sqrt{x} = t$ とおくと, $\dfrac{dt}{dx} = \dfrac{1}{2\sqrt{x}} = \dfrac{1}{2t}$ より $dx = 2t\,dt.$

x	$1 \to 4$
t	$1 \to 2$

$\therefore \int_1^4 \dfrac{dx}{2x + 3\sqrt{x}} = \int_1^2 \dfrac{2t\,dt}{2t^2 + 3t} = \int_1^2 \dfrac{2\,dt}{2t + 3}$

$$= \bigl[\log|2t+3|\bigr]_1^2 = \log 7 - \log 5 = \log \frac{7}{5}.$$

あとがき

　本書は「学問の入口を楽しくすること」を強く意識して書かれたものです.
　これだけ情報過多の時代,それぞれの学問の入口を楽しくしておかないと,「学問」そのものが人々にことごとく拒否されてしまい,結果として非常にうすっぺらな教養の持ち主を大量生産してしまうのではないかという恐怖感があります.日本の現実はそれに近いのではないでしょうか.
　ほとんどの国民にとって微積分は「楽しさ」とはほど遠い,できれば一生かかわりたくない分野でしょう.その微積分を一般の読者に楽しく伝えられないか——無謀とも思える課題に取り組みました.
　筆者の大学教員としての実体験が無ければ決して生まれることの無かった本です.多くの専門家は,教える相手が機械やコンピュータではなく「人間」であることを忘れているように思えます.
　「楽しさ」は高等教育再生のための重要なキーワードです.

小松建三

●索引

英数

e^x 112, 114
$\log x$ 122, 126

あ行

一般角 99

か行

加法定理 106
関数の凹凸 62
関数のグラフ 56
関数の増減 59
逆関数の微分 161
逆数 16
極小 63, 87
―― 値 63, 87
極大 63, 87
―― 値 63, 87
極値 64, 87
グラフ 57, 86
  関数の―― 56
合成関数の微分 19
弧度法 97

さ行

差の微分 7
三角関数の公式 105
三角関数の微分 104
指数法則 115
自然対数 122
―― の底 111
商の微分 34
積の微分 30

積分 135
―― の計算法 136
積分定数 135
増分 42, 150, 160

た行

対数微分法 128
第2次導関数 60, 162
第2次偏導関数 81, 165
多項式の微分 11
置換積分法 170, 175
定数倍の微分 10
定積分 146
―― と面積 149
―― の公式 148
停留点 78, 88
導関数 2, 41, 159
―― と接線 57

な行

2変数関数 74

は行

倍角の公式 106
微分
  合成関数の―― 19
  差の―― 7
  商の―― 34
  積の―― 30
  多項式の―― 11
  定数倍の―― 10
  和の―― 7
微分経 1

185 索引

不定積分	135	偏微分	70, 162
部分積分法	140, 152		
平方根	16	**わ 行**	
偏導関数	70, 165		
第2次——	81	和の微分	7

小松建三
こまつ・けんぞう

東京都出身
早稲田大学大学院理工学研究科博士課程修了(数学専攻)
理学博士(専門は整数論)

2007年3月まで慶應義塾大学において
「わかりやすく楽しい数学の授業」を実践．
同大学退職後，数学教育の改革を目指して
著作活動を開始．

著書
『線形代数千一夜物語』(数学書房，2008)
『数学姫——浦島太郎の挑戦』(数学書房，2010年)

微かに分かる微分積分
かす わ びぶんせきぶん

2009年4月10日　第1版第1刷発行
2010年7月7日　第1版第2刷発行

著者　　小松建三
発行者　横山 伸
発行　　有限会社　数学書房
　　　　〒101-0051　千代田区神田神保町1-32南部ビル
　　　　TEL　03-5281-1777
　　　　FAX　03-5281-1778
　　　　mathmath@sugakushobo.co.jp
　　　　http://www.sugakushobo.co.jp
　　　　振替口座　00100-0-372475
印刷　　モリモト印刷
組版　　アベリー
装幀　　STUDIO POT (和田悠里・山田信也)

ⓒKenzo Komatsu 2009　Printed in Japan
ISBN 978-4-903342-09-2

数学姫―浦島太郎の挑戦
小松建三著／美しい数学姫が与えた線形代数の課題に浦島太郎が挑戦する。新感覚の大人の童話。A5判・184頁・1900円

線形代数千一夜物語
小松建三著／数学の特殊な記号・用語をできるだけ使わず普通の言葉を優先して使い、よりわかりやすいものをめざした。奇想天外、ユーモア全開の数学案内書。A5判・192頁・1900円

数理と社会―身近な数学でリフレッシュ
河添健著／各種の数理モデルを理解する知識が身につくことをめざす。四六判・200頁・1900円

数学の視界
志賀弘典著／「万物は数である」とピタゴラスは言った。その意味がこの本に書かれている。古代から現代に至る数学を鳥瞰しつつ、全体知としての数学の姿を提示する。A5判・224頁・2500円

理系数学サマリー―高校・大学数学復習帳
安藤哲哉著／高校1年から大学2年までに学ぶ数学の中で実用上有用な内容をこの1冊に。あまり知られていない公式まで紹介した新趣向の概説書。A5判・320頁・2500円

ひとりで学べる線型代数 1, 2
近藤庄一著／早稲田大学での「講義をしない授業」が本になった。詳しく親切な解説、豊富な問題と丁寧・詳解な解答をつけた。大学教育の新しい実践の書。1. B5判・336頁・2800円　2. B5判・400頁・3200円

この定理が美しい
数学書房編集部編／「数学は美しい」と感じたことがありますか？ 数学者の目に映る美しい定理とはなにか。熱き思いを20名が語る。A5判・208頁・2300円

この数学書がおもしろい
数学書房編集部編／おもしろい本、お薦めの書、思い出の1冊を、41名が紹介。A5判・176頁・1900円

本体価格表示

数学書房